Cocos Creator
完全使用手册

宋志京 著

人民邮电出版社
北京

图书在版编目（CIP）数据

Cocos Creator完全使用手册 / 宋志京著. -- 北京：
人民邮电出版社，2018.10（2022.8重印）
ISBN 978-7-115-48974-6

Ⅰ．①C… Ⅱ．①宋… Ⅲ．①移动电话机－游戏程序
－程序设计－手册②便携式计算机－游戏程序－程序设计
－手册 Ⅳ．①TP317.6-62

中国版本图书馆CIP数据核字(2018)第169663号

内 容 提 要

  Cocos Creator 作为 Cocos2d-x 官方推出的多平台开发工具，已经在众多 Cocos 图形编程工具中脱颖而出，而其直接发布成 Html5 版本的工作流程与方式必将在 Html5 的时代中大放异彩。本书从零开始，带领用户从 Cocos 环境配置、操作、脚本与代码、产品优化等方面详尽阐述如何制作一款多平台发布的游戏，并介绍如何将其发布至互联网。同时，针对目前市场火热的微信小游戏的开发和发布，用一整章内容来详细讲解。

  本书适合从事游戏开发的职场新人及想要在游戏开发领域有所提升的中级开发人员，也适合作为高校计算机相关专业的教学参考书，及游戏引擎开发培训班的教材。

◆ 著　　　　　宋志京
 责任编辑　　杨大可
 责任印制　　焦志炜

◆ 人民邮电出版社出版发行　　北京市丰台区成寿寺路 11 号
 邮编　100164　电子邮件　315@ptpress.com.cn
 网址　https://www.ptpress.com.cn
 北京九州迅驰传媒文化有限公司印刷

◆ 开本：800×1000　1/16
 印张：16　　　　　　　　　　2018 年 10 月第 1 版
 字数：314 千字　　　　　　　 2022 年 8 月北京第 9 次印刷

定价：59.00 元

读者服务热线：(010)81055410　印装质量热线：(010)81055316
反盗版热线：(010)81055315
广告经营许可证：京东市监广登字 20170147 号

序

Cocos Creator 的首本中文书经过近一年的策划和编写，终于面世了。特别是在 2018 年 HTML5 行业爆发的这个时间点出版，就更加具有深远的意义。

Cocos Creator 是在 2016 年 3 月发布的。但事实上 Cocos 引擎投入 HTML5 技术研发应该是在 2012 年，从那个时候就开始介绍并推荐使用 JavaScript 来开发游戏。虽然当时原生游戏开发占据主导地位，而且一直到了六年之后 HTML5 游戏才真正地爆发出来，但是这六年的积累，也使得 Cocos Creator 发布后很快就占据了绝对领先的市场份额。

在 Cocos Creator 最初的版本发布后，我就一直希望可以出版一本专业的图书，使初学者及开发人员可以快速地掌握 Cocos Creator。我也在内容的策划和定位上与作者及引擎开发团队进行了反复的推敲和确认。同时，引擎版本的更新迭代也十分迅速，我们尽可能地更新到最新的版本。书中结合新版本引擎的应用及引擎学习的需要，添加了一部分中高级的进阶知识和平台发布优化策略等内容。

在此要感谢触控未来的每一位老师，尤其是本书的作者，正是你们严谨认真的态度才让本书得以完成。也要感谢 Cocos 引擎团队的全力支持，特别是王哲在本书编写的过程中提出了非常多的专业建议与意见，从全书的结构和定位，到具体的技术内容都给出了相应指导。在此一并致谢！

Cocos 引擎从 2008 年 3 月诞生至今已整整十年，现在全球使用 Cocos 引擎的开发者已经超过 120 万人，且遍布全球近 200 个国家和地区。从原生开发，到 HTML5，乃至未来新的平台，从游戏到其他领域开发的拓展，Cocos 始终在提供最有价值的开发支持。希望本书的出版与发行，可以继续为开发者带来最新、最实用的支持。

　　祝愿各位读者通过对 Cocos Creator 的学习和使用，在 HTML5 爆发的时代取得丰硕的成果。

李志远

触控未来 CEO

前言

从 20 世纪中叶至今，电子游戏已走过几十个年头，游戏内容也随着游戏载体的演进而不断发生着变化，对应不同游戏内容的开发所使用的工具与方法也在不断进步。近些年，移动端电子游戏（俗称"手游"）已逐渐成为电子游戏大家庭中拥有用户最多、累计持续游戏时间最长以及累计收入最多的一员。越来越多的人希望从事游戏制作或游戏制作相关行业，应此需求 Cocos 系列在迭代更新了数千个版本后隆重推出了"超级"游戏引擎 Cocos Creator。Cocos Creator 打破了传统的纯代码编写游戏的方式，采取可视化编程，顺畅地梳理了工作流程并大幅提高了游戏开发效率。实现了轻松入门、快速上手、高效迭代和一键多平台发布等特性，是目前 iOS、Android、网页游戏和微信小游戏的主要开发工具。

本书的游戏引擎部分从零讲解，由浅入深，读者不需要有任何其他游戏引擎的基础或经验，但脚本语言基础部分并没有大篇幅的内容对基础进行详细讲解，所以适合有一定 JavaScript 编程基础或其他编程语言基础的人阅读。本书旨在全面地介绍 Cocos Creator 引擎的常用功能及游戏制作的全流程，希望读者能够认真阅读本书，夯实 Cocos Creator 基础，为之后开发游戏做好充足的准备。

本书在大部分的功能与接口章节中加入多种案例以及案例的操作过程与效果展示，使读者在接触新功能的同时可以快速理解并加以实践。书中全面的功能介绍也可供 Cocos Creator 老手在开发中查阅所需知识点。

本书的写作得到了很多人的热情帮助。感谢触控未来的 CEO 李志远和全体同事给予我的帮助。感谢 Cocos Creator 引擎开发团队——雅基软件 CEO 王哲与 Cocos Creator 技术负责人 Jare 提供的技术支持。

目录

第 1 章
Cocos Creator 基础与开发环境搭建

本章将介绍 Cocos Creator 的定位、安装和基础使用方法，以及 Cocos Creator 的基础项目拆解与项目文件结构。

本章包括以下能够帮助读者用最快速度上手的教程内容：

- 了解 Cocos Creator；
- 安装和启动 Cocos Creator；
- 使用导航面板；
- "Hello World"案例；
- 项目结构（文件结构）。

1.1　了解 Cocos Creator

Cocos Creator 是一款游戏内容制作工具，完整的 2D 游戏引擎；其在 Cocos2d-x 基础上重新设计并升级，实现脚本化、组件化和可视化编程等特点。除支持传统 iOS 与 Android 两大原生移动平台外，还支持包括网页平台（HTML5）与微信小游戏平台等多平台跨平台一键发布。如图 1-1 所示。

1.1.1　初识 Cocos Creator

Cocos Creator 是一个完整的游戏引擎与游戏开发解决方案，包括了 Cocos2d-x 引擎的 JavaScript 实现，以及能让开发者更快速开发游戏所需要的各种图形界面工具，还包含从设计、开发、预览、调试到发布的整个工作流所需的全功能一体化编辑器。其编辑器提供面向设计和开发的两种工作流，提供简单顺畅的分工合作方式，为不会写代码的人制作游戏提供便利。

图 1-1

Cocos Creator 目前支持将游戏发布到 Web、Android、iOS 和微信小游戏平台，以及点开即玩原生性能的 Cocos Play 手机页游平台，真正实现一次开发，全平台运行。Cocos Creator 还可以通过安装 C++/Lua for Creator 插件，在编辑器里编辑 UI 和场景，导出通用的数据文件也可在 Cocos2d-x 引擎中进行加载运行。

1.1.2 工作流程说明

在开发阶段，Cocos Creator 全面覆盖整个开发上线流程，大幅提升开发上线效率。从最初的立项到分角色开发，再到 SDK 接入与最后多种平台打包，针对每个环节均有大幅度优化与提升，如图 1-2 所示。

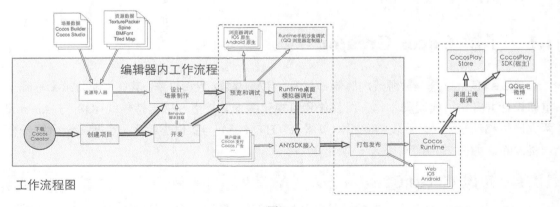

图 1-2

Cocos Creator 将手机、网页游戏的调试简化，将可视化编程与代码有机结合。多组件、工具的集成简化了素材导入流程。并辅以素材工具商店等，帮助开发者更专注于内容创造。

1.1.3 功能特性

Cocos Creator 功能上的突出特色有以下几点。

（1）可视化编程，脚本属性可展示在编辑器界面中，策划、美术等相关参数调整人员可根据需要自行调整。

（2）画布系统与智能布局可一次设计，完美适应不同分辨率和屏幕。

（3）专业动画系统，支持骨骼动画、逐帧动画、动画轨迹预览和动画曲线编辑功能。

（4）脚本化动态运行时加载，更加适合热更新，适合敏捷开发。

（5）借助 Cocos2d-x 引擎架构，具有强大的跨平台特性，可一键发布到各类桌面、移动端平台、网页平台和微信小游戏平台，并保持应用的高质量与高效率。

（6）脚本化和可视化编程把原有开发角色从传统的美术、策划、程序演变为美术、策划、程序、技术美术、技术策划等，使工作流更加顺畅，开发效率大幅提升。

1.1.4 架构特色

Cocos Creator 包含游戏引擎、资源管理、场景编辑、游戏预览和发布等游戏开发所需的全套功能，并且将所有的功能和工具链都整合在统一的应用程序里。

它以数据驱动和组件化作为核心的游戏开发方式，并且在此基础上无缝融合了 Cocos 引擎成熟的 JavaScript 接口体系，一方面能够适应 Cocos 系列引擎开发者的用户习惯，另一方面为美术和策划人员提供了前所未有的内容创作生产和即时预览测试环境。

编辑器在提供强大完整工具链的同时，还提供了开放式的插件架构，开发者能够用 HTML+JavaScript 等前端通用技术轻松扩展编辑器功能，定制个性化的工作流程，如图 1-3 所示。

引擎和编辑器的结合，把传统的纯代码引擎分为图形编程部分和代码部分，开发流程方面可以按照如下方式分工：

（1）美术设计师在场景编辑器中搭建场景的图像表现；

（2）程序员开发可以挂载到场景任意物体上的功能组件；

（3）游戏策划人员或者技术美术设计师负责为需要展现特定行为的物体挂载组件，并通过调试改善各项参数；

（4）美术设计师直接导入或替换开发游戏所需要的资源；

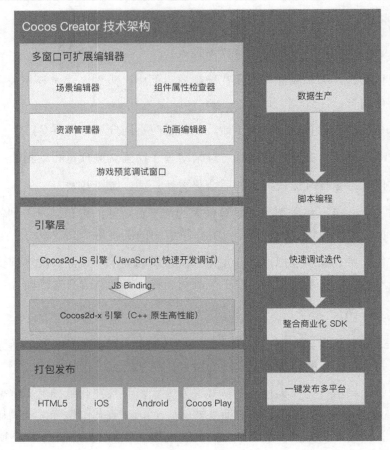

图 1-3

（5）游戏策划人员通过图形化的界面配置好各项数据和资源。

Cocos Creator 把之前所有资源整合都放在程序端的旧工作流程进行了拆分，让美术人员与策划人员直接参与到最终产品生成项目中来，提高工作效率与工作效果。

1.2　安装和启动 Cocos Creator

1.2.1　下载 Cocos Creator

可以通过访问 **Cocos Creator** 产品首页上的下载链接获得 Cocos Creator 的安装包，如图 1-4 所示。

图 1-4

下载完成后双击安装包即可安装。

1.2.2 Windows 安装说明

 注意 从 v1.3.0 开始，Windows 版 Cocos Creator 将不提供 32 位操作系统支持。

Windows 版的安装程序是一个可执行文件，通常命名会是 CocosCreator_v×.×.×_20××××××_setup.exe，其中 v×.×.×是 Cocos Creator 的版本号，如 v1.8.1，后面的一串数字是版本日期编号。

 注意 日期编号在使用内测版时会更新得比较频繁，注意如果当前 PC 上已安装的版本号和安装包的版本号相同时，无法自动覆盖安装相同版本号的安装包，需要先卸载之前的版本才能继续安装。

应用的安装路径默认选择了 C:\CocosCreator，可以在安装过程中自定义设置。

Cocos Creator 将会占据系统盘中大约 1.25 GB 的空间，请在安装前整理好系统盘空间。

注意　如果安装失败，请尝试通过如下命令行执行安装程序：

ocosCreator_v1.2.0_2016080301_setup.exe /exelog "exe_log.txt" /L*V "msi_log.txt"

用该命令执行，或为安装程序创建一个快捷方式，并将该命令行参数填入快捷方式的"目标"属性中。然后将生成的安装日志（exe_log.txt 和 msi_log.txt）提交给开发团队寻求帮助。

1.2.3　MacOS 安装说明

Mac 版 Cocos Creator 的安装程序是 DMG 镜像文件，双击 DMG 文件，然后将 CocosCreator.app 拖曳到"应用程序"文件夹快捷方式，或其他任意位置。然后双击复制出来的 CocosCreator.app 就可以开始使用了。

注意　如果初次运行时出现下载的应用已损坏的提示，请前往并设置"系统偏好设置"→"安全性与隐私"→"允许任何来源的应用"，首次打开后可以马上恢复为原安全与隐私设置。

1.2.4　操作系统要求

Cocos Creator 支持 Windows 和 MacOS 两种主流的个人操作系统。

- Mac OS X 所支持的最低版本是 OS X 10.9。
- Windows 所支持的最低版本是 Windows7 64 位。

1.2.5　运行 Cocos Creator

在 Windows 系统，双击安装文件夹中的 CocosCreator.exe 文件即可启动 Cocos Creator。在 Mac 系统，双击安装后的 CocosCreator.app 应用图标即可启动 Cocos Creator。

可以按照习惯为入口文件设置快速启动、Dock 或快捷方式，方便随时运行。

1.2.6　禁用 GPU 加速

对于部分 Windows 操作系统和显卡型号，可能会遇到如下问题：

```
This browser does not support WebGL...
```

这个报错信息，是因为显卡驱动对编辑器 WebGL 渲染模式的支持不正确而导致的。如果出现这种情况，可以尝试使用命令行运行 CocosCreator.exe 并加上--disable-gpu 运行参数，来禁用 GPU 加速功能。这样就可以绕开部分显卡驱动的问题。

1.2.7 使用 Cocos 开发者账号登录

上述两步简单操作可准备好使用 Cocos Creator 制作游戏的开发环境。如果需要发布游戏到原生平台（比如 Android），则需要额外配置发布环境，参照第 10 章。

Cocos Creator 启动后，会进入 Cocos 开发者账号的登录界面。登录之后就可以享受 Cocos Creator 为开发者提供的各种在线服务、产品更新通知和各种开发者福利等。

如果之前没有 Cocos 开发者账号，可以使用登录界面中的"注册"按钮前往 Cocos 开发者中心进行注册。或直接使用下面的链接：https://passport.Cocos.com/auth/signup。

注册完成后就可以回到 Cocos Creator 登录界面完成登录了！验证身份后，会自动进入 Dashboard 界面。如果需要切换账号，请在 Dashboard 中注销。

1.3 使用 Dashboard

1.3.1 Dashboard

启动 Cocos Creator 并使用 Cocos 开发者账号登录以后，会自动打开 Dashboard（导航面板）界面，在这里开发者可以新建项目或打开已有项目，抑或获得帮助信息。

界面总览如图 1-5 所示。

Cocos Creator 的导航面板界面包括以下几种选项卡。

- 最近打开项目：列出最近打开项目，初次运行 Cocos Creator 或此列表为空时，会提示新建项目的按钮。

- 新建项目：选择这个选项卡，会进入到 Cocos Creator 新项目创建的指引界面。

- 打开其他项目：如果希望打开的项目没有在最近打开的列表中，开发者也可以单击这个按钮来浏览并选择希望打开的项目。

- 帮助：帮助信息，一个包括各种新手指引信息和文档的静态页面。

下面来依次介绍这些分页面。

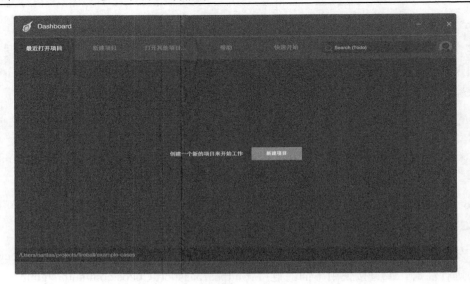

图 1-5

1.3.2 最近打开项目

开发者可以通过"最近打开项目"选项卡快速访问近期打开过的项目。第一次运行 Cocos Creator 时，这个列表是空的，在界面上会显示"新建项目"的按钮。读者可以在创建或打开一些项目后重新打开此界面，会看到之前新建或打开过的项目出现在列表里，如图 1-6 所示。

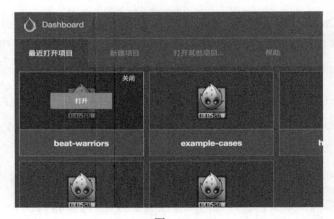

图 1-6

当鼠标光标悬停在一个最近打开项目的条目上时，会显示可以对该项目进行操作的行为。

- 单击"打开"在 Cocos Creator 编辑器中打开该项目；

- 单击"关闭"将该项目从最近打开项目列表中移除，这个操作不会删除实际的项目文件夹。

1.3.3 新建项目

Dashboard 可以在"新建项目"选项里创建新的 Cocos Creator 项目。

在"新建项目"页面，首先需要选择一个项目模板，项目模板会包括各种不同类型的游戏基本架构，以及学习用的范例资源和脚本，以帮助开发者更快进入到创造性的工作当中。如图 1-7 所示。

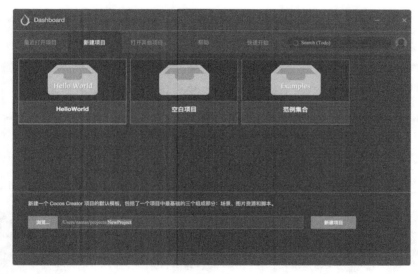

图 1-7

- HelloWorld：新建一个 Cocos Creator 项目的默认模板，包括一个项目中最基础的 3 个组成部分，场景、图片资源和脚本。

- 空白项目：创建一个不包含任何内容的空白项目。

- 范例合集：用一个个独立的范例展示组件和资源的使用方法，以及脚本编程和添加游戏的实战策略。每个范例场景都附有说明文档，包括相关功能的使用方法和工作流程。推荐新手入门学习。

在页面下方可以看到项目名称和路径。可以在项目路径输入框中手动输入项目所在路径和项目名称，路径的最后一节就是项目名称。

也可以单击"浏览"按钮，打开浏览路径对话框，在本地文件系统中选择一个位置来存放新建项目。

　　一切都设置好后，单击"新建项目"按钮来完成项目的创建。Dashboard 界面会被关闭，然后新创建的项目会在 Cocos Creator 编辑器主窗口中打开。

　　当项目窗口被关闭后，Dashboard 界面会被重新打开。

1.3.4　打开其他项目

　　如果在"最近打开项目"页面找不到希望打开的项目，或者刚从网上下载了一个新项目，可以通过"打开其他项目"选项卡按钮在本地文件系统中浏览并打开对应项目。

　　单击"打开其他项目"按钮后，会弹出本地文件系统的选择对话框，在这个对话框中选中希望打开的项目文件夹，并选择打开即可。

　　注意　Cocos Creator 使用特定结构的文件夹作为合法项目标识，而不是使用工程文件。选择项目时只要选中项目文件夹即可。

1.3.5　帮助

　　开发者可以通过"帮助"页面访问 Cocos Creator 用户手册和其他帮助文档，如图 1-8 所示。

图 1-8

1.4 "Hello World" 案例

本节将详细地介绍如何在 Cocos Creator 集成开发环境中创建第一个 Cocos Creator 案例,并完成从制作到运行体验实际效果的完整开发循环。此案例主要内容为:创建并运行"Hello World";首先向 Cocos Creator 的"世界"打个招呼,稍后再尝试稍微改造"世界"。

1.4.1　创建项目

上一节提到了创建项目的多种模板,这里选择其中的"Hello World"模板,并填好文件路径,单击 "新建项目"按钮,如图 1-9 所示。

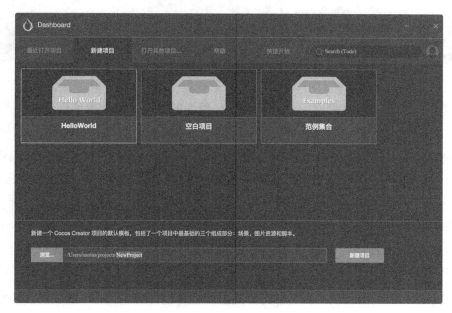

图 1-9

Cocos Creator 就会自动以"Hello World"项目模板创建项目并打开。

1.4.2　初识 Cocos Creator 界面

在这里先简单了解,第 2 章将详细介绍编辑器界面。Cocos Creator 的默认界面如图 1-10 所示,主要分为"层级管理器""资源管理器""场景编辑器""控件库""控制台""动画编辑器"和"属性检查器"等。

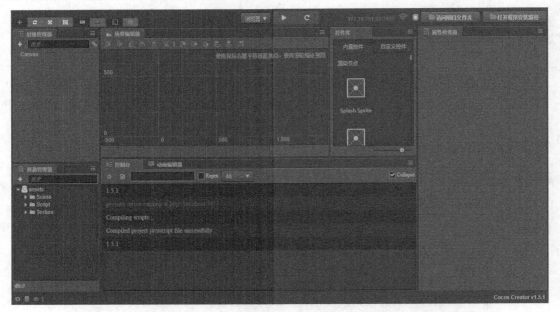

图 1-10

- **资源管理器**：项目实际的文件管理窗口，里面的层级对应着项目资源文件夹（assets）中的文件。可以将文件从项目外直接拖曳进来，或使用菜单导入。

- **场景编辑器**：可视化编辑并展示当前打开场景窗口，是程序开发的主要操作窗口之一。开发人员通过此窗口预览场景效果，调整场景内容。

- **层级管理器**：用树状列表的形式展示场景中的所有节点和他们的层级关系，所有在场景编辑器中看到的内容都可以在层级管理器中找到对应的节点条目；在编辑场景时这两个面板的内容会同步显示，通常情况下开发人员也会同时使用这两个面板来搭建场景。

- **控件库**：常见的系统提供控件与扩展自制控件的罗列区，可以通过拖曳等方式快速使用。并且可以将用户自己的预制资源添加到控件库里方便再次使用。

- **属性检查器**：展示层级管理器、资源管理器或者场景编辑器窗口中被选中的节点的预览、详细属性或可更改选项，是开发人员主要操作窗口之一。这个面板会以最适合的形式展示和编辑来自脚本定义的属性数据。

- **控制台与动画编辑器**：控制台是查看 Cocos Creator 工作完成情况、目前状态以及报错等的主要窗口；动画编辑器在后面章节会详细介绍。

1.4.3 打开场景，开始工作

初次打开一个项目时，默认不会打开任何场景，要看到 Hello World 模板中的内容，需要先打开场景资源文件。双击场景文件，如图 1-11 所示。

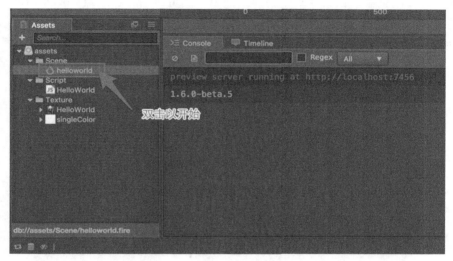

图 1-11

在资源管理器中双击"helloworld"场景文件。Cocos Creator 资源管理器窗口中所有文件都不显示文件扩展名，用图标区分文件类型，其中所有场景文件都以"◐"作为图标。

打开场景后界面如图 1-12 所示。

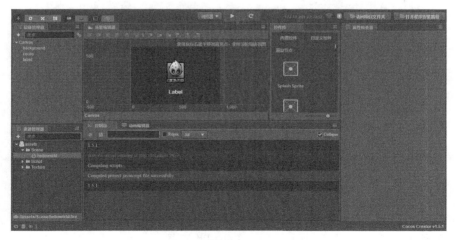

图 1-12

　　不需要写任何代码，也不需要修改任何内容，直接单击图片中的播放（三角）按钮，运行预览。

　　Cocos Creator 会自动启动浏览器，展示标准的 Cocos 式 Hello World。这里建议使用 Google Chrome 浏览器，在第 4 章中会详细介绍。浏览器中展示的是 Cocos Creator 目前场景的运行预览，主要包括深蓝色的背景、一个 Cocos 图标与下方"Hello,World!"文字，如图 1-13 所示。

图 1-13

1.4.4　项目分解与尝试修改

　　对比打开场景后，在场景管理器中看到 Cocos Creator 的界面产生了变化。

　　首先查看"场景编辑器"窗口，场景编辑器里大致体现了最终效果中背景、Cocos 图标与文字的位置、大小等关系，但是文字部分却并不是"Hello，World！"，而是"Label"，如图 1-14 所示。

图 1-14

下面尝试稍微改变一下"世界"。

（1）把图标旋转 180°：场景编辑器窗口中用鼠标左键单击 Cocos 图标以选中该节点，如图所示，被选中的图标外围会有浅蓝色[①]边框，如图 1-15 所示。

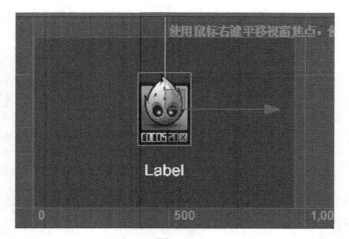

图 1-15

---

① 本书中描述的颜色为操作界面在实际使用时显示的颜色，为方便读者理解，后续对颜色的描述会伴有进一步解释。——编者注。

然后单击图 1-16 中红框内的"旋转按钮"，进入旋转模式。被选中的节点上出现可旋转图样（红色的圆圈和箭头，默认朝向正右方），如图 1-16 所示。

图 1-16

最后用鼠标左键拖曳使 Cocos 图标旋转至 180°，如图 1-17 所示。

（2）把文字移动到图标上面：对应"场景管理器"窗口中的内容，"层级管理器"窗口也产生了对应的内容，并以如图所示层级罗列。

点选 label 节点。这里点选和在"场景管理器"中点选的效果是一致的，被选中的节点在"场景管理器"中被浅蓝色的框框住，如图 1-18 所示。

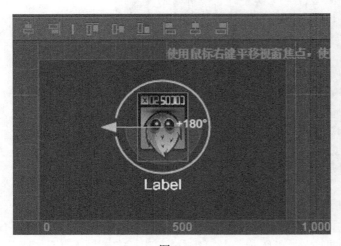

图 1-17

图 1-18

单击图 1-19 中红框内的"平移按钮",进入平移模式,被选中节点上出现可平移图样(水平和垂直两个箭头),如图 1-19 所示。

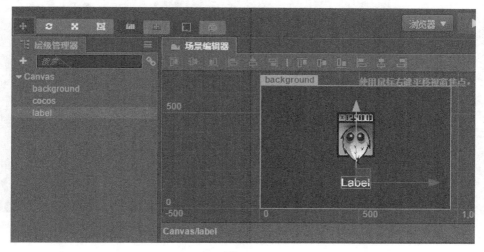

图 1-19

按住鼠标左键向上拖曳垂直向上的箭头(绿色的箭头),直至图 1-20 所示,把文字放到图标上面。如图 1-20 所示。

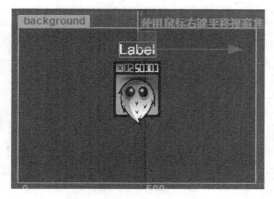

图 1-20

(3)修改预览显示文字"Hello, World!":用鼠标左键点选左上层级管理器窗口中的"Canvas"节点,在右侧属性检查器"HelloWorld"组件下找到 Text 文字输入框,把原有文字"Hello, World!"改为"Hey world!",如图 1-21 所示。

(4)查看"新世界"预览:直接单击三角运行预览按钮,预览大致如图 1-22 所示。

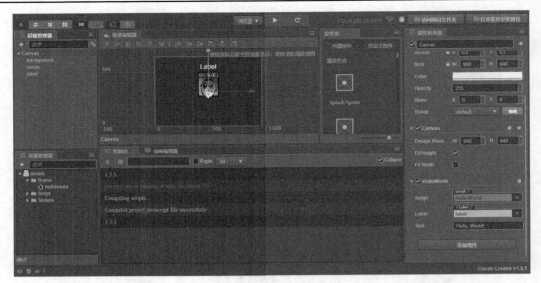

图 1-21

图 1-22

1.5 项目结构

在简单了解一个 Cocos Creator 项目后，这一节将介绍 **Cocos Creator** 的项目结构。

1.5.1 项目文件夹结构

打开建立项目时默认或者自定义的文件路径，有如下项目文件夹结构：

```
ProjectName（项目文件夹）
├──assets
├──library
├──local
├──settings
├──temp
└──project.json
```

下面会简单介绍每个文件夹的功能。

（1）assets

assets（资源文件夹）将会用来放置游戏中所有本地资源、脚本和第三方库文件。只有在 assets 目录下的内容才能显示在"资源管理器"中。assets 中的每个文件在导入项目后都会生成一个相同文件名的.meta 文件，用于存储该文件作为资源导入后的信息和与其他资源的关联。其他游戏运行时不需要的文件，可以选择放在 assets 外面来管理。

（2）library

library（资源库）是将 assets 中的资源导入后生成的，在这里的文件结构和资源格式将被处理成最终游戏发布时需要的形式。如果使用版本控制系统管理项目，这个文件夹是不需要进入版本控制的。

当 library 丢失或损坏时，只要删除整个 library 文件夹再打开项目，就会重新生成。

（3）local

local（本地设置）文件夹中包含该项目的本地设置，包括编辑器面板布局、窗口大小和位置等信息。不需要关心这里的内容，只要按照习惯设置编辑器布局，这些就会自动保存在该文件夹中。与 library 一样，local 也不需要进入版本控制。

（4）settings

settings（项目设置）里保存项目相关的设置，如"构建发布"菜单里的包名、场景和平台选择等。

（5）temp

temp（临时文件夹）中包含该项目被 Cocos Creator 打开时在本地产生的临时文件，包括为了提供撤销功能而做的素材备份、运行临时文件等信息。开发者不需要关心这里的内容，在项目被打开时引擎自动创建此文件夹，一般 temp 也不需要进入版本控制。

（6）project.json

project.json 文件和 assets 文件夹一起，作为验证 Cocos Creator 项目合法性的标志。只有包括了这两个内容的文件夹才能作为 Cocos Creator 项目打开。而 project.json 本身目前只用来规定当前使用的引擎类型和插件存储位置，不需要用户关心其内容。

1.5.2　构建目标

在主菜单中的"项目"→"构建发布…"中使用默认发布路径发布项目后，编辑器会在项目路径下创建"build"目录，并存放所有目标平台的构建工程。由于每次发布项目后资源 ID 可能会变化，而且构建原生工程时体积很大，所以此目录建议不放入版本控制中。

1.6　小结

本章内容主要包括 Cocos Creator 的简介、特点和基础架构等。读完本章，相信读者对 Cocos Creator 已经有了初步的了解。Cocos Creator 集成开发环境的安装和基础案例的解析，让读者可以顺利地进入并使用 Cocos Creator 集成开发环境。

第 2 章
编辑器基础

这一章会详细介绍编辑器界面，各种面板、菜单和功能按钮。Cocos Creator 编辑器由多个自由窗口组成，窗口可自由缩放移动、组合，以适应不同开发者的习惯与需要。

本章包括以下能够帮助读者用最快速度上手的教程内容：

- 资源管理器窗口；

- 场景编辑器窗口；

- 层级管理器窗口；

- 属性检查器窗口；

- 上方功能按钮；

- 偏好设置；

- 串口输出；

- 预览和构建。

2.1 资源管理器窗口

资源管理器是 Cocos Creator 编辑器访问和管理项目资源的窗口。在游戏制作中，场景、图片、声音、视频、脚本（代码）和动画等都是资源，均在这里进行展示与操作。资源管理器中的成员与项目 asset 文件夹下的文件和文件夹逐一对应。

2.1.1 界面预览

界面主要分为创建按钮、搜索框、资源列表和当前选中资源路径，布局与样式如图 2-1 所示。

2.1.2　创建资源

单击资源管理器窗口中的"创建按钮",弹出创建菜单。其支持创建文件夹、各种脚本、场景和动画帧等,如图 2-2 所示。

图 2-1　　　　　　　　　　　　　　　　图 2-2

2.1.3　资源列表

资源列表中的文件显示都是看不到扩展名的,只能通过图标或者从当前选中资源路径中查看带有扩展名的完全路径来确认文件类型。比较常见的图标与扩展名对应:场景图标对应 "*.fire" 文件,JavaScript 脚本图标对应 "*.js" 文件,音频图标对应 "*.wav或*.mp3",亦或其他音频扩展名。图片资源用图片预览图做图标。

资源列表中的操作和其他资源浏览器(比如 Windows 资源浏览器)中的操作类似,可以针对资源(文件或文件夹)进行重命名、移动、删除等操作。除此之外还支持新建、在资源管理器中查看和前往 Library 中的资源位置等功能,如图 2-3 所示。

2.1.4　搜索资源

在资源搜索框中输入,可对资源列表进行关键字过滤,把所有包含搜索关键字的内容展示出来。但是这种过滤状态的显示是没有路径的,所有必须要有路径的功能将会失效,比如移动资源等。如图 2-4 所示。

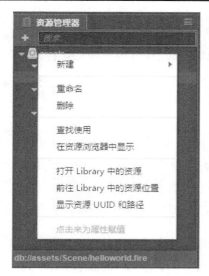

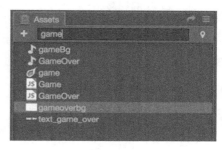

图 2-3 图 2-4

2.2 场景编辑器窗口

场景编辑器是 Cocos Creator 实现可视化编程的核心,展示当前打开场景中所有的节点,节点概念请参照第 3 章。在这个工作区域里,用户可以选中并通过变换工具来修改节点的位置、旋转、缩放、尺寸等属性,并获得所见即所得的场景效果预览,如图 2-5 所示。

图 2-5

2.2.1   视图介绍

视图中紫色的框为场景中的画布区域，尺寸由画布的设计分辨率决定。详见 6.1 节。

场景视图中背景部分有灰色背景网格，以画布左下角为(0, 0)点，根据当前缩放显示何时的网格刻度，帮助丈量场景。

2.2.2   视图常用操作

为了使可视化编程更方便，在使用场景编辑器视图窗口时，通常会放大查看并修改细节、缩小查看整体效果或点选某一节点进行单独属性查看或修改，常用操作方式如下。

- 视图缩放：使用鼠标滚轮。

- 视图平移：鼠标右键拖曳。

- 选取节点：鼠标左键单击。选中后会显示蓝色节点约束框（见图 2-6），受节点的尺寸属性影响。

- 节点名称与约束框提示：鼠标光标悬停在节点上时（非选中状态），出现灰色节点名称和约束框。如图 2-7 所示。

图 2-6   图 2-7

2.2.3   使用节点变换工具

节点变换工具位于编辑器左上角，不可移动。4 个按钮从左至右依次是：平移、旋转、缩放和自由变换。默认选中平移工具。

1．平移工具

快捷键：W。节点变换工具左边第一个按钮，如图 2-8 所示。

当有节点被选中且节点变换工具处于平移状态时，在被选中节点的锚点位置（通常情况下在中心位置）出现平移控制手柄（gizmos），如图 2-9 所示。

图 2-9

图 2-8

按住鼠标左键拖曳垂直箭头（绿色），可拖曳被选中节点垂直移动；按住鼠标左键拖曳水平箭头（红色），可拖曳被选中节点水平移动；按住鼠标左键拖曳中央矩形（蓝色），可拖曳被选中节点自由移动。

2．旋转工具

快捷键：E。节点变换工具左边第二个按钮，如图 2-10 所示。

当有节点被选中且节点变换工具处于旋转状态时，在被选中节点的锚点位置（通常情况下在中心位置）出现旋转控制手柄（gizmos），如图 2-11 所示。

图 2-11

图 2-10

旋转控制手柄由一个圆环和一个箭头组成，默认箭头朝右，并且规定逆时针为正，顺时针为负。按住鼠标左键拖曳指针或者圆环内任意位置均可使被选中节点延锚点旋转。

3．缩放工具

快捷键：R。节点变换工具左边第 3 个按钮，如图 2-12 所示。

当有节点被选中且节点变换工具处于缩放状态时，在被选中节点的锚点位置（通常情况下在中心位置）出现缩放控制手柄（gizmos），如图 2-13 所示。

图 2-12

图 2-13

缩放手柄和平移手柄非常类似，为了区别，缩放手柄边缘是矩形而不是箭头。按住鼠标左键拖曳垂直手柄（绿色）被选中节点垂直缩放；按住鼠标左键拖曳水平手柄（红色）被选中节点水平缩放；按住鼠标左键拖曳中央矩形（灰色）被选中节点自由缩放。

4．自由变换工具

快捷键：T。节点变换工具左边第 4 个按钮，如图 2-14 所示。

当有节点被选中且节点变换工具处于自由变换状态时，在被选中节点的锚点位置（通常情况下在中心位置）和外围位置出现自由变换控制手柄（gizmos），如图 2-15 所示。

图 2-14

图 2-15

　　自由变换手柄是功能最多也是最复杂的手柄，按住鼠标左键拖曳外框顶点可调节被选定节点尺寸；按住鼠标左键拖曳外围边框可单独改变被选中节点的宽度或者高度；按住鼠标左键拖曳中央蓝色圆环可改变被选中节点锚点的位置；按住鼠标左键拖曳框内任意其他位置可改变被选中节点的位置。

2.3　层级管理器窗口

　　层级管理器和场景编辑器一样，显示的是当前打开场景中的节点。不同的是场景编辑器中展示的是节点渲染后的样子，层级管理器展示的是节点的层级与节点名称列表。层级管理器中的节点和场景编辑器中的节点一一对应，如图 2-16 所示。

2.3.1　创建节点

　　单击创建节点按钮会弹出创建节点列表，可以选择不同类型节点，包括的内容如图 2-17 所示。

图 2-16

图 2-17

　　如果创建时有节点在选中状态，则新创建的节点会成为被选中节点的子节点，否则新创建节点会成为根节点的子节点。子节点概念会在第 3 章介绍。

2.3.2　删除节点

可通过右键菜单里的删除选项来删除节点。

　　注意　如果选中节点拥有子节点，所有该节点下的子节点也会被一并删除。

2.3.3　改变节点层级关系

按住鼠标左键拖曳节点，可将其拖到另一节点上，形成子节点。在层级管理器窗口中用树状结构表示，如图 2-18 所示。

图 2-18

也可以通过拖曳改变节点的上下顺序、渲染顺序等。节点在列表中的排序决定了节点在场景中的显示次序。在层级管理器中位置越靠下的节点，在场景中的渲染就会更晚，也就会覆盖列表中位置较为靠上的节点。渲染与遮挡详见 3.3 节。

2.3.4　节点搜索框

与资源搜索框类似，不再赘述。

2.3.5　其他常用操作

其他常用操作包括重命名、复制、粘贴和复制节点等。帮助开发者避免重复劳动，提高开发效率，操作方式如下。

- 重命名：创建新节点会有默认名字，右键菜单中选择"重命名"选项，可以为节点改名。

- 复制、粘贴：在层级管理器中，节点是支持复制粘贴的。也可以从其他场景中复制。

- 复制节点：在选中节点同级别生成一个选中节点的克隆节点。

2.4　属性检查器窗口

属性检查器窗口是查看和修改资源属性、节点属性或节点拥有组件属性的窗口，也是构成图形化编程的重要组成部分，如图 2-19 所示。

属性检查器大多数时间都和组件密切相关，更多信息详见 3.1 节。

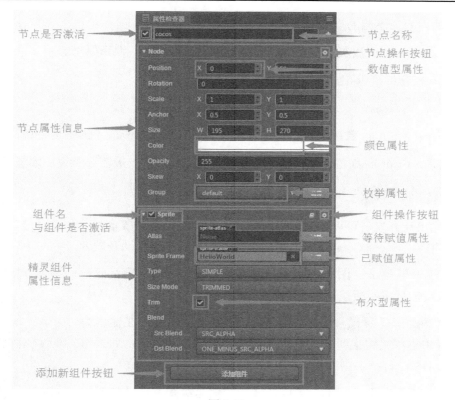

图 2-19

2.5 串口输出

串口输出（Console）窗口是 Cocos Creator 重要的信息输出途径也是游戏运行时重要的调试（debug）打印途径。其可输出编辑器日志、警告和报错等信息，如图 2-20 所示。

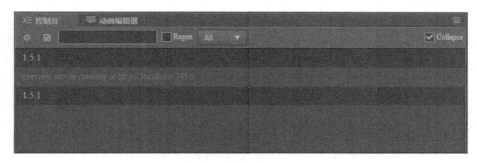

图 2-20

不同的内容用不同的颜色表示。

- 日志（Log）：浅灰色文字，一般信息，比如版本号、编译信息等。

- 提示（Info）：蓝色文字，比日志内容重要一些。

- 成功（Success）：绿色文字，一般是提示用户操作成功。

- 警告（Warn）：黄色文字，不是很重要的异常提示，一般不影响运行调试。

- 错误（Error）：红色文字，编译错误或是其他错误，一般需要解决后才能运行调试。

串口输出常用功能

串口输出让开发者可以查看输出内容，但是当输出内容较多时，开发者难以快速找到指定输出内容，Cocos Creator 窗口输出提供了如下功能来帮助开发者。

- 清空目前输出：图标为 ⊘，把目前串口输出所有内容清除掉；如果有持续报错，报错信息将不断重新显示。

- 过滤输出：⊘ ▤ [　　　] □Regex [All ▼]，在输出内容中进行关键字匹配，只能显示包含的关键字条目；如果勾选右侧 Regex，则支持输入正则表达式。

- 信息级别：下拉菜单，可以选择一个信息级别。选项按照由上至下的顺序，串口输出只显示从被选中级别到最下方级别之间的内容。如图 2-21 所示。

图 2-21

- 合并同类信息：☑Collapse，该选项处于激活状态时，多条内容一致的串口输出将显示为一条，并在信息边上添加计数器。

2.6　预览和构建

Cocos Creator 可以方便快捷地按照目前项目配置进行项目预览，主要是通过顶部预览工具栏完成。如图 2-22 所示。

2.6.1　平台选择

目前 Cocos Creator 支持两种方式预览：浏览器和模拟器。

可以在预览工具栏中通过下拉菜单选择，如图 2-23 所示。

图 2-22

图 2-23

2.6.2 模拟器

模拟器是在 PC 或 Mac 上模拟移动平台的运行效果。如图 2-24 所示。

图 2-24

运行时产生的日志、警告、报错等都将在串口输出窗口内显示。

模拟器可以模拟大部分原生平台行为，但是仍然建议原生平台版本采用原生平台真机测试。

2.6.3　浏览器

浏览器运行会启动用户默认的浏览器，并自动打开指定地址。建议使用 Google Chrome 浏览器，也可直接在浏览器内输入 Cocos Creator 调试地址。如图 2-25 所示。

图 2-25

浏览器预览时日志将输出至浏览器，查看方式是在网页空白处（Cocos Creator 画布中的区域无效）在鼠标右键菜单中选择"检查"，并在弹出窗口中选中 Console 标签页。如图 2-26 所示。

Chrome 浏览器的日志也有各种过滤方式，和 Cocos Creator 编辑器的串口输出窗口类似，在此不再赘述。

注意　预览时默认会选择系统默认浏览器，如果需要用指定浏览器预览，在菜单"Cocos Creator"→"偏好设置"→"预览运行"中选择预览浏览器。或更改系统默认浏览器。

图 2-26

2.7 小结

本章全面地介绍了 Cocos Creator 编辑器的主要界面外观与基础操作。

第 3 章
Cocos Creator 核心概念

本章将着重介绍贯穿 Cocos Creator 的几个重要概念，如节点与组件、坐标系和渲染等。然后介绍最常见的渲染组件、预制。通过这些核心概念理解 Cocos Creator。

本章包括以下能够帮助读者用最快速度上手的教程内容：

- 节点与组件；

- Cocos 坐标系；

- 节点与渲染；

- 精灵；

- 标签；

- 预制。

3.1 节点与组件

Cocos Creator 有最重要的两个概念：节点和组件。Cocos Creator 摆脱了之前 Cocos2d-x 的继承式架构，采用新型组件架构模式。

3.1.1 节点

节点（Node）是渲染的必要组成部分。所有需要在屏幕中显示的内容都必须是节点或者依附于节点上。节点负责控制显示内容的位置、旋转、缩放、颜色等属性。

在层级管理器和场景编辑器中能够看到的所有内容都是节点，选中后可以查看属性检查器，均可查看到"Node"部分。"Node"部分看起来和其他组件类似，但是不可移除，并永远处于激活状态。如图 3-1 所示。

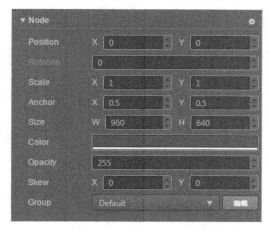

图 3-1

节点属性中位置、旋转、缩放等属性，参照 3.2.2 节。剩余常见属性如下。

锚点（Anchor）：锚点是节点位置的参照点，也是自身旋转、缩放的基准点。同时锚点也是该节点子节点的坐标原点。详见 3.2 节。X 和 Y 两个成员描述横向和纵向的锚点位置。取(0, 0)即在节点的左下角，取(1, 1)即在节点的右上角，默认为(0.5, 0.5)即节点的正中央。

 注意 锚点的取值是可以超过(0, 0) ~ (1, 1)的，即锚点并不在节点尺寸范围内。

尺寸（Size）：本节点的大小，对节点自身没有太多影响，但是会影响节点上的组件。具体参照各组件，比如常见的精灵组件会根据节点尺寸对渲染图片进行缩放。

颜色（Color）：节点颜色，影响本节点及其所属组件的渲染，以及其子节点和其所属组件的渲染。在不透明的情况下，设置节点颜色会直接叠加到节点与所属组件的渲染效果上，并影响其子节点。

透明度（Opacity）：0~255，0 代表完全透明，255 代表完全不透明，128 则大致表示半透明。会影响本节点及其所属组件的渲染，以及其子节点和其所属组件的渲染。

倾斜值（Skew）：或者叫倾斜度数，斜向拉伸，0 的效果和 180 的效果一致。

分组（Group）：任意字符串，不可重复。节点分组是为了做属性判断。比如需求是"友方子弹"分组只和"敌人"做碰撞判断，而不和"友方"做碰撞判断；那么至少需要拥有"敌人"和"友方"两个分组，并把节点正确的配置分组。

3.1.2　创建节点

第 2 章介绍过在层级管理窗口中创建节点的方式，如图 3-2 所示。

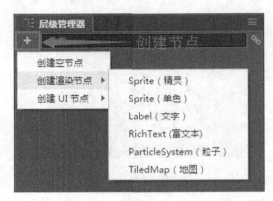

图 3-2

单击层级管理器窗口左上角的"+"按钮或者右键，在对应菜单中选择需要的各种节点。

> **注意**　这里创建的所有内容都是节点，但只有空节点
> 是单纯的节点，其他选项都是节点与组件的复合体。
> 即创建一个节点，并在上面添加了一些指定组件。组
> 件部分内容参照 3.1.4 节。

3.1.3　子节点

每个节点都有自己的父节点（parent），父节点与子节点（child）以一对多的方式形成树形结构。最根部的节点以根节点为自己的父节点。通常用户自定义节点都会是画布的子节点或者更深层子节点。

子节点的节点属性受父节点的节点属性影响：位置、旋转和缩放均是相对父节点的锚点为原点的，父节点旋转为正方向，父节点缩放为尺度的坐标系下相对值。具体参照 3.2.2 节。

颜色与透明度等属性则是基于父节点的颜色与透明度进行叠加：相乘叠加，比如子节点的透明度为 128 约半透明（0.5），其父节点透明度同样为 128 约半透明（0.5），则子节点的显示效果透明度约为 64（255×0.5×0.5）。

3.1.4　组件

组件是 Cocos Creator 的主体构成，渲染（显示内容）、逻辑、用户输入反馈、计时器

等几个方面均是由组件完成的。根据 Cocos Creator 的总体架构，组件和节点配合完成游戏所需内容。

所有的组件都是脚本（代码）。一部分是 Cocos Creator 提供的，源码在 Cocos Creator 安装目录中，在编辑器中无法直接查看；一些是用户自定义脚本，可在资源管理器中找到对应的脚本文件。组件脚本需要添加到节点上才能执行。

3.1.5 节点与组件的结合

以精灵节点为例，在 Cocos Creator 提供的"Hello，World"案例中，屏幕正中间的蓝色"cocos"图标就是一个精灵节点。能够正确的将图片显示在屏幕中央主要是靠两部分内容而生效：节点与精灵组件，如图 3-3 所示。

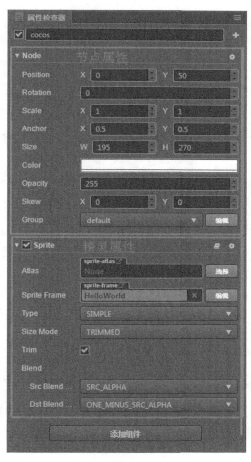

图 3-3

精灵组件：这里可以暂时粗略地认为精灵组件的功能是将指定的图片以正确的渲染方式显示出来，其中主要是选定了显示哪张图片（如上图是名为"HelloWorld"的图片），并指定了一些缩放方式等。部分详见 3.4 节，在此不再赘述。

节点：节点负责控制图片的位置在(0，50)，在屏幕正中心稍微偏上一点的地方、不旋转、正常缩放等。

节点和精灵组件一起形成精灵组件节点，最终完成指定图片在屏幕中央显示的任务。如图 3-4 所示。

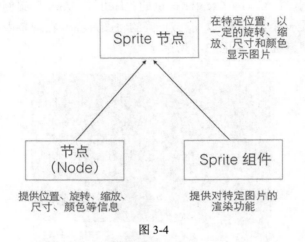

图 3-4

 注意　Cocos Creator 中的脚本组件都要和节点配合才能发挥作用。而 Cocos Creator 的脚本索引也是依照"节点"→"拥有组件"→"脚本具体代码"进行的，具体参照第 4 章。

3.2　Cocos 坐标系

3.2.1　Cocos 坐标系

Cocos Creator 沿用了 Cocos 系列的通用坐标系，笛卡尔右手坐标系，即屏幕的左下角为原点，向右为 X 轴正方向，向上为 Y 轴正方向，延屏幕向外为 Z 轴正方向。如图 3-5 所示。

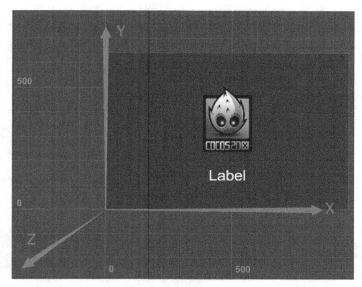

图 3-5

其中 *X*、*Y* 的有效范围为 0 至设计分辨率（设计分辨率内容详见 6.1 节），超出有效范围会导致不能在屏幕中完整显示（超出屏幕范围与可视范围详见 6.1 节适配部分）。由于 Cocos Creator 是 2D 引擎，*Z* 轴只影响遮挡，不存在近大远小等 3D 特征，相同父节点 *Z* 值越高越靠前，反之会被靠前的节点遮挡。

 注意 一般的原生移动平台开发（iOS 或 Android）都是以屏幕左上角为原点，而 Cocos 系列则遵照 OpenGL 习惯，以左下角为原点。

3.2.2 世界坐标系与本地坐标系

通常的开发者提到的位置或坐标有两种意义，一是在世界坐标系内的世界坐标或是在本地坐标系内的本地坐标。

世界坐标系（World Coordinate）：也叫绝对坐标系，指的是相对上述 Cocos 坐标系的坐标，即以屏幕左下角为原点，无旋转、无缩放的坐标系。

本地坐标系（Local Coordinate）：也叫相对坐标系，指的是相对父节点的坐标系，即以父节点的锚点（Anchor）为原点，父节点的旋转为方向，父节点缩放为缩放的坐标系。

注意　Cocos Creator 中提到的绝大多数都是本地坐标系，比如节点属性中的位置、旋转与缩放都是基于本地坐标系。前面书中提到的脚本中的位置、旋转与缩放也都是本地坐标系概念。

3.2.3　节点的变换属性

节点的变换（Transform）属性主要包括位置、旋转和缩放。上文中提到，节点的变换属性指的就是相对坐标系中的相对值。下面开始依次介绍。

位置（Position）：由两个属性 X 和 Y 组成，指定了当前节点锚点所在的相对坐标，如图 3-6 所示。

图 3-6

子节点的相对位置是(256, 0)，即子节点的锚点应该在父节点锚点的 X 轴正方向 256 像素位置。此案例中父节点的锚点位置在屏幕正中心，由于父节点没有任何旋转和缩放，所以 X 轴正方向即水平向右，256 像素无缩放仍旧是 256 像素，子节点的锚点设置为(0.5, 0.5)即节点正中央。所以效果如图 3-6 所示。

旋转（Rotation）：旋转属性只有一个值，即旋转角度。表示以锚点为中心，顺时针旋转的角度，单位是"°"。如图 3-7 所示。

在图 3-7 中，把图片和标签的父节点旋转 30°。可以看到，除了父节点顺时针旋转了 30°外，所有的子节点也一起旋转。这时可以点击上例中移动过位置的"Cocos2dx 图标"，查看它的属性，如图 3-8 所示。

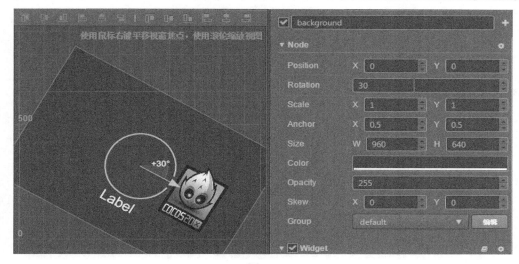

图 3-7

图 3-8

节点位置仍然是(256, 0)，并且没有旋转。它的倾斜是因为父节点的旋转，而它的旋转属性代表它相对于父节点是无旋转的。同时可以看到，此时该节点的 X 轴正方向不再是水平向右，而是右斜下 30°，这也是上文中提到的相对坐标系导致的。

缩放（Scale）：由两个属性 X 和 Y 组成，代表横向缩放与纵向缩放。默认值为 1，即 100%。通常情况下建议尽量保持缩放的长宽比不变以保持图片效果。如图 3-9 所示。

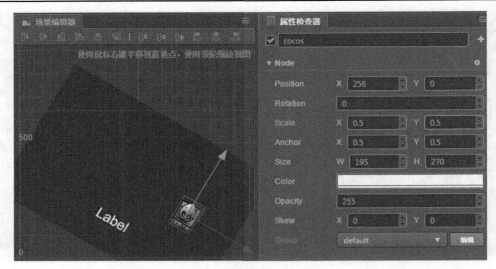

图 3-9

上例中把精灵节点的缩放调整至(0.5, 0.5)，即长宽都是原来的一半。缩放效果与锚点无关。

3.3　节点与渲染

上文中简单提及了遮挡关系，2D 世界不存在近大远小，但是需要明确其遮挡关系。Cocos Creator 通过渲染顺序来处理遮挡问题，后渲染的图像会挡住先渲染的图像。下面介绍如何控制渲染与遮挡。

3.3.1　同级别遮挡

这里的同级别，指的是同样的父节点，比如"Hello，World！"案例中的背景、Cocos 图标和文字标签都是画布的子节点并处于平级状态，在层级管理器中如图 3-10 所示。

同级别节点的绘制顺序是由上至下的，即下面的节点内容会遮挡上面的节点内容。如图 3-10 所示，由于"cocos"和"label"都在"background"下方，所以他们都能挡住"background"。

3.3.2　不同级别遮挡

这里的不同级别，指的是不同父节点。在子节点和父节点中，子节点会遮挡父节点。而在不同级别的各节点，遵照子节点遮挡父节点，同级别节点下方节点遮挡上方节点并且遮挡上方节点拥有的所有子节点规则进行遮挡，如图 3-11 所示。

图 3-10

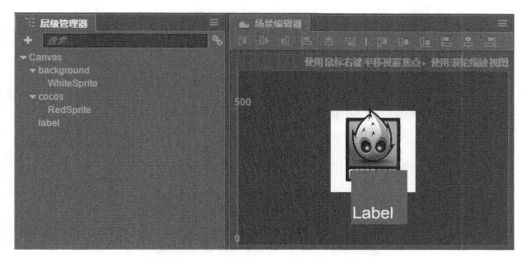

图 3-11

上图中，有两个单色精灵分别是"WhiteSprite"和"RedSprite"，分别为上例中的"background"节点和"cocos"节点的子节点。其中白色精灵遮挡了背景是由于子节点遮挡父节点；而深色（红色）精灵挡住了白色节点是由于他是"cocos"节点的子节点要遮挡"cocos"节点，而"cocos"节点由于和"background"节点同级并且在他下面，"cocos"节点遮挡"background"节点和其子节点"WhiteSprite"，所以"RedSprite"也要遮挡"background"节点和他的子节点"WhiteSprite"。

3.4　精灵

精灵（Sprite）是 Cocos 系列的核心概念之一，是 Cocos Creator 最常用的显示图像（图片）的组件。

3.4.1　精灵组件参考

在层级管理器中"右键"→"创建节点"→"创建渲染节点"→"Sprite（精灵）"新建一个精灵节点，如图 3-12 所示。

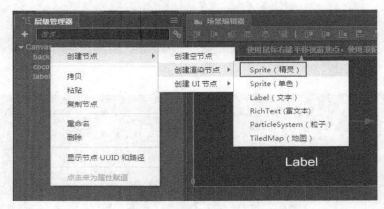

图 3-12

精灵节点中精灵组件外观如图 3-13 所示。

图 3-13

3.4.2 精灵组件主要属性

精灵组件在属性编辑器中可以看到很多属性选项，主要属性功能说明见表 3-1。

表 3-1

属性	功能说明
Atlas	精灵显示图片资源所属的 Atlas 图集资源，图集概念详见图集章节
Sprite Frame	渲染精灵使用的 Sprite Frame 图片资源
Type	渲染模式，包括普通（Simple）、九宫格（Sliced）、平铺（Tiled）和填充（Filled）渲染 4 种模式。主要针对节点尺寸和图片资源尺寸不符时如何处理
Size Mode	指定精灵的尺寸，Trimmed 会使用原始图片资源裁剪透明外边后的尺寸；Raw 会使用原始图片未经裁剪的尺寸；当用户手动修改过尺寸属性后，Size Mode 会被自动设置为 Custom，除非再次指定为前两种尺寸
Trim	节点约束框是否包含图中透明部分
Src Blend Factor	混合模式显示两张图时，原图片的取值模式
Dst Blend Factor	背景图像混合模式，和上面的属性共同作用，可以将前景和背景精灵用不同的方式混合渲染，效果预览可以参考 glBlendFunc Tool

3.4.3 渲染模式

精灵中使用的渲染模式有以下 4 种。

- 普通模式（Simple）：最常用的渲染模式，适用于不需要调整大小的图片；当调整尺寸时会拉伸图片。

- 九宫格模式（Sliced）：适用于需要无限拉伸的 UI，常用于底框、背景、按钮底图等。详见 6.3.1 节。

- 平铺模式（Tiled）：一种像是 Windows 桌面平铺效果的渲染方式，当尺寸大于图片原有尺寸时会将图片不断重复渲染。适用于背景、底纹等不断重复的图片。

- 填充模式（Filled）：可按照多种方式、不同进度填充渲染图片，常见的填充方式有横向填充（HORIZONTAL）、纵向填充（VERTICAL）和扇形填充（RADIAL）。适用于各种进度条、进度表示等。

3.4.4　精灵组件简单使用

通过从资源管理器中拖曳素材图片类型资源（Cocos 支持*.jgp、*.bmp、*.png 等格式图片资源）到组件"Sprite Frame"属性引用中，就可以使用精灵节点渲染指定图片。

之后调整节点尺寸与渲染模式、填充模式将图片的指定部分渲染出来（不一定渲染整张图片）。

最后通过调整节点的位置、旋转和缩放等将精灵节点布置到场景中。

3.5　标签

标签（Label）是 Cocos 系列的核心概念之一，是 Cocos Creator 最常用文字显示的组件。Cocos Creator 中几乎所有的游戏内文字显示都是通过标签组件实现的。

3.5.1　标签组件参考

在层级管理器中"右键"→"创建节点"→"创建渲染节点"→"Label（文字）"新建一个精灵节点，如图 3-14 所示。

图 3-14

标签节点中精灵组件外观如图 3-15 所示。

3.5.2　标签组件主要属性

图 3-15 中的标签组件在属性编辑器里可以看到很多属性选项，主要属性功能说明见表 3-2。

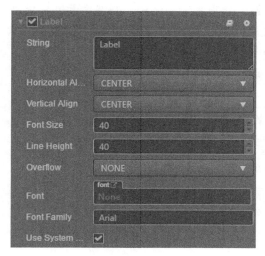

图 3-15

表 3-2

属性	功能说明
String	渲染文字内容
Horizontal Align	文本的水平对齐方式。可选值有左对齐（LEFT）、居中对齐（CENTER）和右对齐（RIGHT）
Vertical Align	文本的垂直对齐方式。可选值有顶对齐（TOP）、中对齐（CENTER）和底对齐（BOTTOM）
Font Size	字号
Line Height	文本的行高
Overflow	溢出处理办法，当文字超出节点尺寸时的处理办法。目前支持溢出不显示（CLAMP）、自动缩放文字（SHRINK） 和 自适应高度（RESIZE_HEIGHT）
Enable Wrap Text	是否开启文本换行
SpacingX	文本字符横向间距（只有 BMFont 字体可以设置）
Font	字体文件，如果使用系统字体，则此属性可以为空
Use System Font	是否使用系统字体

> **注意**　使用系统字体时，在桌面开发环境看到的预览效果和实际运行到移动平台的运行效果不一致，Android 和 iOS 等不同移动平台效果也不一致，需要真机调试并调整。

3.5.3　标签组件简单使用

在标签组件"String"属性中输入希望显示的文字（注意换行）。之后调整节点尺寸、字号、字体高度、排版等内容至满意程度。

最后通过调整节点的位置、旋转和缩放等将标签节点布置到场景中。

3.6　预制

预制（Prefab）是 Cocos Creator 提出的新概念，针对 Cocos Creator 可视化编程，以及节点与组件等依附的复杂关系，提供的一种保存与复用方式。

3.6.1　创建预制

预制必须是一个节点和其子节点构成的，创建方式如下。

（1）创建一个自定义节点，把需要大量复用的内容全部做成该节点的子节点。比如：做一个纯色精灵为背景，黑色文字的标签为内容的节点，如图 3-16 所示。

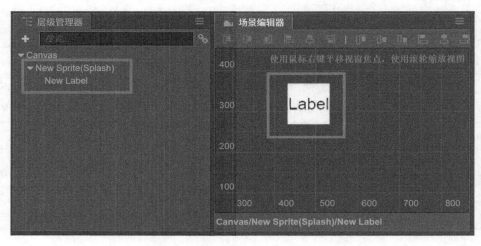

图 3-16

（2）将层级管理器中该节点拖曳至资源管理器内，如图 3-17 所示。

（3）形成预制文件，如图 3-18 所示。

图 3-17

图 3-18

（4）预制已形成，在创建好预制后，创建的节点已经可以删除了。

3.6.2　预制的实例化

预制的实例化是预制的主要使用方式，实例化方式分为编辑器方式与代码方式两种。

编辑器方式是将资源管理器中的预制拖曳到层级管理器中或场景编辑器中。场景编辑器中出现新的预制节点，如图 3-19 所示。

所有预制实例化的节点，称为预制节点。预制节点拥有普通节点所有的特性与功能。此外，预制节点还保持着和预制的关联，可以通过预制节点修改预制也可以将预制节点还原至预制的初始状态。

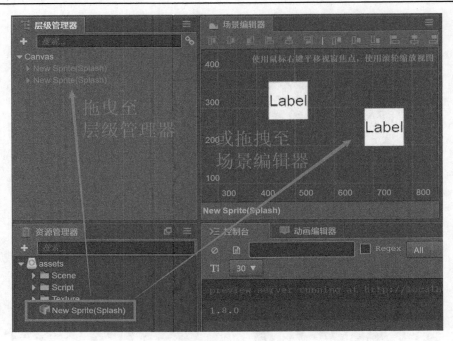

图 3-19

代码方式详见 4.4.3 节。

3.6.3 修改预制

预制一旦创建，就不能直接修改其内容，只能通过预制节点修改，步骤如下：

（1）给需要修改的预制实例化一个预制节点；

（2）对预制节点按需求进行修改；

（3）修改完成后，单击预制节点属性检查器中的保存，如图 3-20 所示；

图 3-20

（4）预制修改完成后，修改预制所实例化的预制节点就没有用了，可以随时删除。

3.6.4 还原预制

预制的使用除了实例化外，还有很多情况需要实例化后再做属性调整。当调整至不理想状态，希望还原至预制原样的情况时，选中需要还原的预制节点，在属性检查器中选择"回退"按钮。如图 3-21 所示。

图 3-21

3.6.5 预制的自动同步

每个场景中的预制实例都可以单独选择要自动同步还是手动同步。设为手动同步时，当预制对应的原始资源被修改后，场景中的预制实例不会同步刷新，只有在用户手动还原预制时才会刷新。设为自动同步时，该预制实例会自动和原始资源保持同步。

设置方式为选择场景中的预制实例，单击左侧锁链图标，如图 3-22 所示。

图 3-22

 注意　一个预制在每个场景中的所有实例具有统一的同步属性。预制根节点自身的 name、active、position 和 rotation 属性不会被自动同步。

注意　自动同步时修改预制实例，编辑器会询问是否自动同步到预制。自动同步预制中的组件不能引用预制体以外的节点或组件，否则编辑器将弹出提示。

3.7　小结

　　本章介绍了 Cocos Creator 的核心概念：节点与组件、Cocos 坐标系、节点与渲染；并介绍了最常用的两个渲染组件：精灵与标签；最后介绍了 Cocos Creator 的新概念预制。

第 4 章
脚本开发

脚本开发是 Cocos Creator 制作游戏的重要组成部分之一。通常情况下，游戏开发流程是先在编辑器中做可视化设计与编程，然后在脚本编辑器中做脚本开发与编程，最后在编辑器中把可视化部分和脚本部分做指定与关联。

Cocos Creator 的脚本主要是通过扩展组件来开发的。目前 Cocos Creator 支持 JavaScript 和 CoffeeScript 两种脚本语言。本书主要针对 JavaScript 进行讲解。

在组件脚本的编写过程中，可以通过声明属性，将脚本中需要调节的变量映射到属性检查器（Properties）中，在编辑器中查看并调整。

本章包括以下能够让读者用最快速度上手的教程内容：

- 代码编译环境配置；

- 节点和组件；

- 组件生命周期；

- 创建与销毁节点；

- 资源管理；

- 组件生命周期；

- 脚本组织模式；

- CCClass 进阶参考。

4.1 代码编译环境配置

在正式开始编写脚本前，首先需要搭建一个理想的编译环境，帮助开发者更方便地编写、编译和调试代码。Visual Studio Code（以下简称 VS Code）是微软提供的轻量化跨平台 IDE，支持 Windows、MacOS 和 Linux 等平台，其开放式可配置编辑界面非常适合与 Cocos Creator 配合使用。

4.1.1 安装 VS Code

前往 https://code.visualstudio.com/下载，如图 4-1 所示。

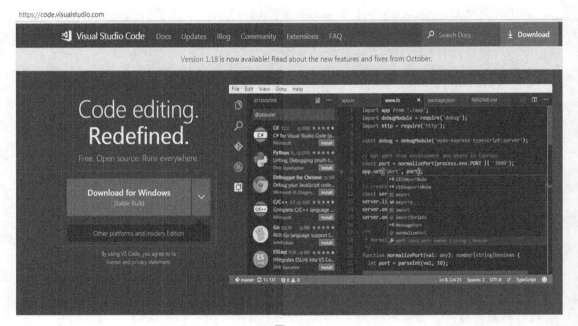

图 4-1

读者可根据自己的操作系统版本进行选择并安装，操作简单，不再赘述。

4.1.2 安装 Cocos Creator API 适配插件

在 Cocos Creator 中打开指定项目，然后选择主菜单中的"开发者/安装"→"VS Code 扩展插件"。

该操作会将 Cocos Creator API 适配插件安装到 VS Code 全局的插件文件夹中，一般在用户 Home 文件夹里的.vscode/extensions 目录下。这个操作只需要执行一次，如果 API 适配插件有更新，则需要再次运行以更新插件。

安装成功后在控制台会显示绿色的提示："VS Code extension installed to…"。这个插件的主要功能是为 VS Code 在编辑状态时，注入符合 Cocos Creator 组件脚本使用习惯的语法提示。

4.1.3 在项目中生成智能提示数据

选择主菜单中的"开发者/更新"→"VS Code 智能提示数据"。

该操作会将根据引擎 API 生成的"creator.d.ts"和"jsconfig.json"数据文件复制到项目根目录下（注意是在 assets 目录外面），操作成功时会在控制台显示绿色提示"API data generated and copied to …"。

对于每个新建的项目都需要运行一次该命令，如果 Cocos Creator 版本更新了，也要打开所需要的项目重新运行一次这个命令，来同步最新引擎的 API 数据。

4.1.4 使用 VS Code 打开和编辑项目

Cocos Creator 并没有一个类似其他引擎或者其他 IDE 的工程文件，VS Code 也不需要工程文件索引。利用 VS Code 的"打开文件夹功能"，可以直接打开 Cocos Creator 的项目文件夹。

注意 必须打开 Cocos Creator 的 assets 目录的上一级目录，保证 VS Code 打开的文件夹中 ".vscode" 文件夹是被打开文件夹的一级子目录，并且唯一（只有一个名为".vscode"的文件夹）。否则 VS Code 将因无法找到正确的配置文件而无法正常工作，如图 4-2 所示。

4.1.5 使用 VS Code 激活脚本编译

使用 VS Code 修改脚本并保存，需要重新激活 Cocos Creator 窗口（切换到最前端窗口）才能自动检测到脚本被改动，并进行编译。目前版本的 Cocos Creator 中增加了一个预览服务器的 API，可以通过向特定地址发送 HTTP 请求来激活编辑器的编译。

而 VS Code 则支持直接调用命令行命令，可以利用此特性可直接使用 VS Code 通知 Cocos Creator 开始编译，从而节省了激活 Cocos Creator 的操作。

图 4-2

注意　部分 Windows 版本不提供发送 HTTP 请求的命令"cURL"，所以需要安装。由于 GFW 等原因，请用户自行寻找地址下载。MacOS 则不需要额外安装类似内容。

在编辑器主菜单中执行"开发者"→"VS Code 工作流" →"添加编译任务"。该操作会在项目的".vscode"文件夹下添加"tasks.json"任务配置文件。

在 VS Code 中按下 Cmd/Ctrl+p 组合键，激活"快速打开"输入框，然后输入"task compile"，如图 4-3 所示。

图 4-3

如果上述配置正确且任务运行成功，在 VS Code 窗口下方的输出面板中会显示结果，如图 4-4 所示。

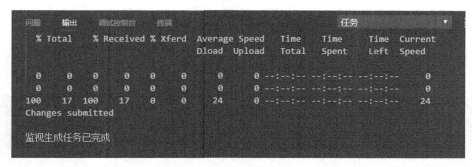

图 4-4

注意 这个结果只代表编译请求发送成功，Cocos Creator 开始编译了。但是个体机器有差异，编译内容与数量较多时，编译可能并不会立刻完成；要在开始编译后稍等片刻，再运行。否则可能会出现运行代码与最新代码不一致的问题。

4.1.6 为编译添加快捷键

打开主菜单中的"首选项"→"键盘快捷方式"→"keybinding.json"，如图 4-5 所示。

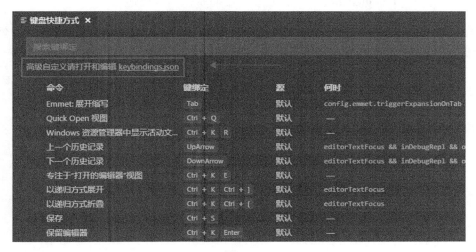

图 4-5

在右侧的 keybindings.json 中添加以下条目:

```
{
    "key": "ctrl+b", //请配置自己习惯的快捷键
    "command": "workbench.action.tasks.runTask",
    "args": "compile"
}
```

显示结果如图 4-6 所示。

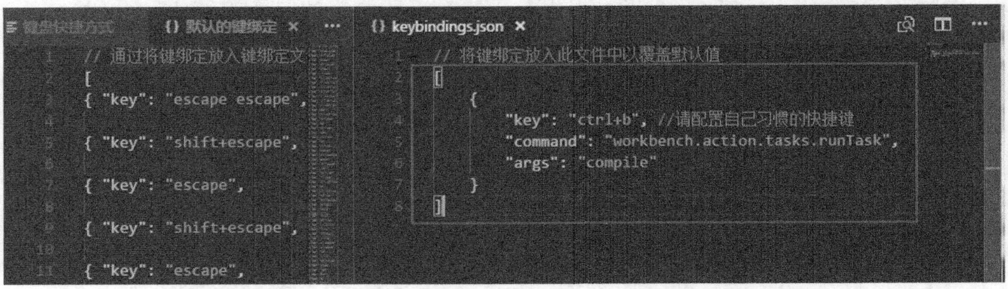

图 4-6

快捷键可以设置成自己喜欢的样式。

4.1.7 使用 VS Code 调试网页版游戏

VS Code 有着优秀的调试能力,支持直接在源码工程中调试网页版游戏程序,包括查看日志、断点单步调试以及运行时查看变量值等。

首先需要安装 Google Chrome,其安装非常简单,不再赘述。

还需安装 VS Code 插件"Debugger for Chrome"。VS 右侧导航栏"扩展"(图标)按钮→搜索框输入"Debugger for Chrome",并点击安装,如图 4-7 所示。

图 4-7

注意 VS Code 和 Cocos Creator 之间都是通过网络通信来异步调试，上述配置办法均针对 Cocos Creator 的默认值，非默认值时，请自行修改 VS Code 配置文件。

网页平台其他调试方式与原生平台调式方式的详情参考第 10 章。

4.2 节点和组件

回顾第 3 章曾提到 Cocos Creator 最重要的两个概念节点与组件。

节点： 在层级管理器和场景编辑器中能够看到的所有内容都是节点，选中后可以查看属性检查器；它们均有一个"Node"部分。节点的"Node"部分看起来像是一个组件，但是不可在属性检查器中被移除，永远处于激活状态，如图 4-8 所示。

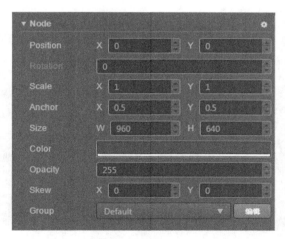

图 4-8

组件： 所有的组件都是脚本。一些是由 Cocos Creator 提供的，源码在 Cocos Creator 安装目录中，在编辑器中无法直接查看源码；一些是用户自定义脚本，可在资源管理器中找到对应的脚本文件。组件脚本需要添加到节点上才能执行。

4.2.1 创建脚本

在资源编辑器中通过单击"创建"按钮来添加并选择 JavaScript 或者 CoffeeScript 创建一份组件脚本，这里单击选择"JavaScript"。默认命名为"NewScript"（可随意重命名），"JavaScript"脚本的图标为" JS "，如图 4-9 所示。

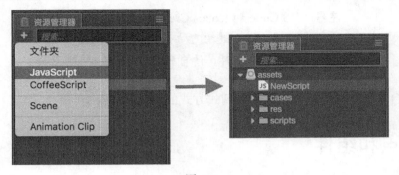

图 4-9

4.2.2 编辑脚本

Cocos Creator 内置了一个轻量级的"Code Editor"供用户进行快速地脚本编辑。但 Code Editor 不能提供智能提示和原型跳转等方便的功能，这里建议用"VS Code"进行脚本编辑和调试。环境配置详见 4.1 节。

通过双击脚本资源，可以直接打开内置的 Code Editor 编辑。如果用户需要使用外部工具，请到菜单"Cocos Creator"→"偏好设置"中进行设置，如图 4-10 所示。

图 4-10

4.2.3　组件脚本与场景节点关联

Cocos Creator 通过把组件脚本添加到场景节点中的方式，把可视化编辑器和代码联系到一起，形成有机的整体。

首先，把刚创建的"NewScript"重命名为"HelloScript"。然后选中希望添加此组件的场景节点，在"属性检查器"中单击"添加组件"→"添加用户脚本组件"→"HelloScript"。如图 4-11 所示。

添加成功后在属性检查器中可以查看到该节点拥有的所有脚本组件，如图 4-12 所示。

图 4-11

图 4-12

 注意　Cocos Creator 还支持直接通过将资源管理器中的脚本拖曳到属性检查器空白位置的方式添加脚本。

删除关联：在属性检查器中，单击组件右上角图标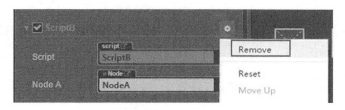，选择"Remove"即取消当前节点与当前组件的关联。如图 4-13 所示。

图 4-13

4.2.4　cc.Class

打开之前创建的组件脚本"HelloScript"，每个新建的组件脚本，Cocos Creator 都会为它添加一些默认代码。代码如下：

```
cc.Class({
    extends: cc.Component,
    properties: {
        // foo: {
        //    default: null,      // The default value will be used only when
        //                           the component attaching to a node for
        //                           the first time
        //    url: cc.Texture2D, // optional, default is typeof default
        //    serializable: true, // optional, default is true
        //    visible: true,      // optional, default is true
        //    displayName: 'Foo', // optional
        //    readonly: false,    // optional, default is false
        // },
        // ...
    },
    // use this for initialization
    onLoad: function () {

    },
    // called every frame, uncomment this function to activate update callback
    // update: function (dt) {
    // },
});
```

整个脚本文件都是 cc.Class 的一个调用，大部分内容（从第二行到倒数第二行）都是传入参数。cc.Class 是 Cocos Creator 最常用的 API 之一，用于声明 Cocos Creator 中的类。为了方便区分，本章将使用 cc.Class 声明的类叫作 CCClass。

CCClass 详细进阶解释参见 4.6 节。

4.2.5　继承

CCClass 使用“extends”实现继承，在子类中定义名为“extends”的成员属性并赋值为父类实例名。代码如下：

```
var Parent = cc.Class();// 父类
var Child = cc.Class({// 子类
    extends: Parent;
});
```

Cocos Creator 编辑器中创建的组件脚本，自动生成代码中的第二行就是继承用法。

“cc.Component”是 Cocos Creator 的组件类，本章所提到的组件脚本，都是继承自“cc.Component”的 CCClass。

4.2.6 声明属性

在 CCClass 中的"properties"成员，代表组件脚本属性。在自动生成代码的第 4 行开始就是属性声明代码。

Cocos Creator 将在组件脚本中声明属性，除了可以在本类中用"this."和属性名来当作成员变量使用外，还会可视化地展示在属性检查器中，供开发者随时查看修改场景中组件脚本的属性值。

属性声明必须在 properties 成员中，以对象成员形式声明，如：

```
cc.Class({
    extends: cc.Component,
    properties: {
        usrID : 13112,
        usrName : "Wings"
    },
});
```

对应组件脚本添加到节点的属性检查器效果，如图 4-14 所示。

图 4-14

Cocos Creator 将上述组件脚本的属性添加到面板上，可以查看与修改。

注意 如果在编辑器中的属性检查器里给组件脚本中属性的值进行了修改，运行时属性值以属性检查器中的值为准，此时再修改代码中对应的属性初始化值会被忽略。如果有需要，可在属性检查器中重新修正数值，或在组件脚本的 onLoad 或者更靠后的时机修改属性值。

4.2.7 声明属性的两种方式

代码中对组件属性声明的方式大致分为简单声明与完整声明，简单声明是完整声明的简略写法，下面介绍常用的集中简单声明。

（1）默认值简单声明：上面例子中的声明方式就是默认值简单声明，直接给属性赋初值，属性会在获取初值的同时确定类型。比如上述范例中 usrID 的类型是数字（Number），usrName 的类型是字符串（String）。

（2）类型简单声明：在属性声明时给属性赋值为构造函数，代码如下：

```
cc.Class({
    extends: cc.Component,
    properties: {
        usrID : 13112,
        usrName : "Wings",
        target:cc.Node,
        pos:cc.Vec2
    },
});
```

其中"taget"和"pos"赋值为某种类型的构造函数。这种方式只是指定了属性类型，并未赋有初值。之后可以在编辑器的属性检查器或者组件脚本使用该属性之前赋值（比如在 onLoad 或类似位置）。属性检查器中默认如图 4-15 所示。

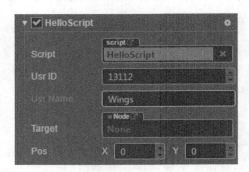

图 4-15

比如上例中"target"希望获得一个 cc.Node 或者 cc.Node 的子类型的赋值，可以通过将场景中的节点拖曳到属性检查器中的对应空格实现属性检查器赋值。

（3）实例简单声明：直接把组件脚本的属性赋值为对象实例，称之为实例简单声明。代码如下：

```
cc.Class({
    extends: cc.Component,
    properties: {
        usrID : 13112,
        usrName : "Wings",
        target:cc.Node,
```

```
        pos:cc.Vec2,
        color:new cc.Color(100,150,200,255),
    },
});
```

其中第 8 行，"color"属性的赋值中调用"new"实例化了一个"cc.Color"对象，将一个对象赋值给声明属性。

（4）数组简单声明：需要数组属性时，按照如下方式完成声明，代码如下：

```
properties: {
        any: [],          // 不定义具体类型的数组
        bools: [cc.Boolean],
        strings: [cc.String],
        floats: [cc.Float],
        ints: [cc.Integer],

        values: [cc.Vec2],
        nodes: [cc.Node],
        frames: [cc.SpriteFrame],
    }
```

第 3 行为声明一个布尔类型数组属性"bools"，3 至 10 行类似。

除了上述几种情况下可以使用简单声明外，其他情况下都需要使用完整声明方式进行书写，完整声明代码如下：

```
properties: {
        score: {
            default: 0,
            displayName: "Score (player)",
            tooltip: "The score of player",
        }
    }
```

把属性赋值作为一个对象（Object），并在其中指明默认值、类型等。其中声明属性中的常用属性参数见表 4-1。

表 4-1

属性名	描述
Default	设置属性的默认值，这个默认值仅在组件第一次添加到节点时才会用到
Type	限定属性的数据类型，详见 CCClass 进阶参考：type 参数
Visible	设为 false 则不在属性检查器面板中显示该属性

续表

属性名	描述
serializable	设为 false 则不序列化（保存）该属性
displayName	在属性检查器面板中显示成指定名字
Tooltip	在属性检查器面板中添加属性的 Tooltip
Override	如果和父类中有同名属性，需要将 override 参数置为 true，否则会有警告

注意 default 值必须有，其他属性为可选属性。

再次提醒，default 值如果在编辑器属性检查中做了修改，代码中的 default 值将会失效。

serializable 属性如果为 false，则在编辑器属性检查器中的赋值将会失效，以代码为准。

4.2.8 访问节点和其他组件

在组件脚本中，访问自己的各种成员、属性或者局部变量是轻而易举的，和标准的 JavaScript 对象方式一致，在这里不再赘述。

在组件脚本中获得组件所在的节点：节点有很多重要属性与方法，比如节点间的父子关系，节点位置、旋转、缩放，锚点和颜色等。首先需要在组件脚本中找到自己的节点，再通过访问组件脚本的"node"成员获得对应的节点。代码如下：

```
onLoad: function () {
    var node = this.node;
    node.x = 100;
}
```

注意 由于 Cocos Creator 是将组件脚本添加到节点，再由节点为索引调度生效的，所以，通常情况下所有组件脚本都有对应节点，获取"node"成员是一定有合理值的，因此这里并没有对取到的成员作合法性判断。

获得其他组件：除了需要读取、修改或调用组件自己的信息与节点的组件信息以外，很多时候还有需求读取、修改或调用其他（引擎提供的、自己写的或是第三方的）组件。Cocos Creator 的整体设计思路是用节点索引组件脚本，所以首先需要找到目标组件的对应节点，然后通过节点提供方法"getComponent"获取指定组件。范例代码如下：

```
start: function () {
    var label = this.node.getComponent(cc.Label);
    if (label) {
        label.string = "Hello";
    }else {
        cc.error("Something wrong?");
    }
}
```

上述代码第 2 行在本组件脚本所在的节点上寻找"cc.Label"组件脚本，并在第 3 至第 7 行改该脚本对应成员属性"string"。当获取 Cocos Creator 官方组件时可以为"getComponent"传入组件脚本的构造函数或者类名，参照如下代码：

```
var label = this.getComponent("cc.Label");
```

第三方或者用户自定义脚本组件可以通过传入类名（脚本文件名）来获取，注意区分大小写。参照如下代码：

```
var label = this.getComponent("HelloScript");
```

 注意　当获取自己节点上的其他组件时"node"可以省略，即"this.node.getComponent(cc.Label);"和"this.getComponent(cc.Label);"效果一致。其他节点不可省略。

获取组件有可能失败，当指定节点没有指定组件时，"getComponent"会返回"null"，所以为了代码的健壮性，建议读者进行错误判断。

4.2.9　获取其他节点

上面小节介绍了如何获取本节点上的组件，但是开发中经常需要先获取其他节点，以及其他节点上的组件。Cocos Creator 为开发者提供了以下几种方式。

- 利用属性检查器获取其他节点：最直接的方式是在组件脚本中声明节点属性，并在编辑器的属性检查器中通过拖曳目标节点到组件脚本的属性中进行绑定。之后用属性对其进行访问。

获取其他节点案例

（1）创建并打开新的场景"GetOtherNodeScene"。

（2）建立两个空节点并重命名为"NodeA"和"NodeB"。如图 4-16 所示。

（3）建立两个脚本并重命名为"ScriptA"和"ScriptB"，

图 4-16

代码如下：

- ScriptA.js

```
cc.Class({
    extends: cc.Component,

    hello:function(){
        cc.log("A:Hello!");
    }
});
```

- ScriptB.js

```
cc.Class({
    extends: cc.Component,

    properties: {
        nodeA:cc.Node
    },

    // use this for initialization
    onLoad: function () {
        if(this.nodeA){
            var a =  this.nodeA.getComponent("ScriptA");
            if(a){
                a.hello();
            }
        }
    },
});
```

"ScriptA"中有成员方法"hello"，作用是在串口输出"A:Hello!"。

"ScriptB"在属性中添加"nodeA"，并在组件开始时（onLoad 函数在组件生效开始时会被自动调用，详见组件生命周期章节）尝试找到"nodeA"和它上面的"ScriptA"组件，并调用其"hello"方法。

（4）将 ScriptA 添加至 NodeA，ScriptB 添加至 NodeB。并将 NodeA 拖曳到 NodeB 上 ScriptB 组件的"Node A"成员位置。如图 4-17 所示。

通过上述操作方式将场景中的"NodeA"节点与"NodeB"上的组件脚本"ScriptB"的属性"Node A"做关联（如果在代码中没有特意声明并修改指定的 displayName 属性，在属性检查器中会把变量名首字母大写，中间自动加入空格。比如代码中为"nodeA"属性，在属性检查器中则显示为"Node A"）。通过这种操作方式使"ScriptB"通过属性"nodeA"

找到对应节点。

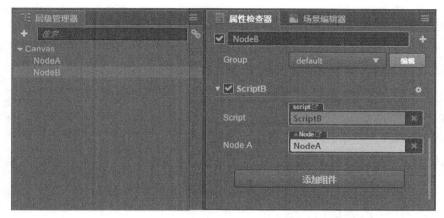

图 4-17

（5）保存、编译、运行，查看串口输出，如
图 4-18 所示。

成功地通过"ScriptB"调用到"ScriptA"的
"hello"方法。

（6）小结：上述案例展示了通过属性检查器关
联的方式实现组件脚本找到其他节点及其上的组
件脚本，与对应成员函数的调用。

图 4-18

通过其他 API，Cocos Creator 提供了一系列在当前场景中获取指定节点的方法。

- 获得所有子节点：节点（cc.Node）的实例属性"children"，可获得指定节点所有子
  节点的数组，范例代码如下。

```
start: function () {
    var children = this.node.children;
    for (var i=0;i<children.length;++i){
        var node = children[i];
        //...
    }
}
```

通过以持有节点（上例中是 this.node）获取它的子节点，"children"是子节点的数组，
如果没有子节点将返回空数组（数组长度为 0）。之后用常规数组方式操作数组元素即可。

- 获得指定名字子节点：节点（cc.Node）的实例方法"getChildByName"，可获得指

定节点的指定名字子节点，其中节点名字就是编辑器层级管理器中看到的名字，范例代码如下。

```
this.node.getChildByName("Child1");
```

通过持有节点（上例中是 this.node）获取它的指定名称（上例是 "Child1"）子节点，如果没有则返回空（null），如有存在多个重名子节点则返回第一个。

- 通过名字与层级关系获取子节点：如果当前代码中没有持有目标节点的父节点，可以从场景的根节点开始，通过 cc.find 方法逐层查找。范例代码如下。

```
this.backNode = cc.find("Canvas/Menu/Back");
```

从场景根节点开始，每一层之间用 "/" 分割，如果没有则返回空（null），如有存在多个重名子节点则返回第一个。

4.2.10　常用节点和组件接口

规定：本节中的内容都以 this 和 this.node 代表访问当前组件脚本和所在的节点。

常用节点接口包括关闭节点、激活节点、更改节点的父节点、更改节点位置、更改节点旋转、更改节点缩放、更改节点尺寸、更改节点颜色、设置透明度、获取节点上的组件和为节点添加组件等。下面开始逐一介绍。

- 关闭节点：节点与其所有子节点，所有组件，以及所有子节点拥有的组件均被禁用（包括渲染也会被禁用，所以关闭的节点将不可见），代码如下。

```
this.node.active = false;
```

关闭当前节点，与在属性检查器中点掉节点的 "√" 效果是一致的，如图 4-19 所示。

这个操作会导致该节点、该节点的所有子节点、该节点上所有的脚本组件、该节点所有子节点上全部的脚本组件失效。

激活节点：关闭节点的反操作，代码如下。

```
this.node.active = true;
```

同关闭节点，与在属性检查器中点出节点中 "√" 效果是一致的。

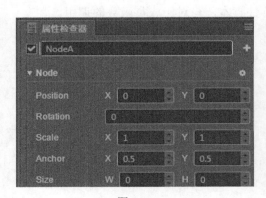

图 4-19

这个操作会导致该节点、该节点所有的子节点但是不包括单独设置过关闭的子节点、该节点上所有的组件但是不包括单独设置过关闭的组件、该节点所有子节点但是不包括单独设置过关闭的子节点上全部的组件但是不包括单独设置过关闭的组件生效。

- 更改节点的父节点：更改父节点不会改变节点目前的状态，但是由于节点属性中有很多属性为父节点的相对属性（如位置、旋转和缩放等），这些属性可能会因为父节点改变而改变，代码如下。

```
this.node.parent = parentNode;
```

节点的父子关系影响节点中几乎所有的属性，子节点的坐标系会变为父节点的相对坐标系（位置、旋转、缩放），颜色、透明度会叠加到子节点等效果。更改父节点是 Cocos Creator 常规操作之一。这个操作等价于如下代码。

```
this.node.removeFromParent(false);
parentNode.addChild(this.node);
```

- 更改节点位置：直接为节点的 x 或者 y 坐标赋值，代码如下。

```
this.node.x = 100;
this.node.y = 50;
```

- 调用 setPosition：两种不同参数重载，一种传入两个数字 x 与 y，另一种传入二维向量，效果一致，代码如下。

```
this.node.setPosition(100, 50);
this.node.setPosition(cc.v2(100, 50));
```

- 更改节点旋转：直接为节点的 rotation 属性赋值，其中顺时针为正，代码如下。

```
this.node.rotation = 90;
```

- 调用 setRotation：和上述方式效果一致，代码如下。

```
this.node.setRotation(90);
```

- 更改节点缩放：直接修改 scaleX 或 scaleY 属性。其中 1 为 100%，负值会导致在该轴渲染时颠倒，比如当 scaleX 为-1 时，节点渲染左右颠倒，代码如下。

```
this.node.scaleX = 2;
this.node.scaleY = 2;
```

- 调用 setScale：两种不同参数重载，一种只传入一个数字整体按此比例缩放，另一种传入两个数字分别代表 x 方向缩放与 y 方向缩放。效果一致，代码如下。

```
this.node.setScale(2);
this.node.setScale(2, 2);
```

- 更改节点尺寸：直接修改 width 或 height 的属性，代码如下。

```
this.node.width = 100;
this.node.height = 100;
```

- 调用 setContentSize 属性：两种不同参数重载，一种传入两个数字代表宽与高，另一种传入二维向量。效果一致，代码如下。

```
this.node.setContentSize(100, 100);
```

```
this.node.setContentSize(cc.v2(100, 100));
```

- 更改节点颜色：直接修改 color 属性，color 是 cc.Color 类，Cocos Creator 提供了几个基本颜色枚举，比如：cc.Color.RED，代码如下。

```
this.node.color = cc.Color.RED;
```

- 设置透明度：直接修改 opacity 属性，0~255，0 为完全透明，255 为完全不透明，代码如下。

```
this.node.opacity = 128;
```

- 获取节点上的组件：getComponent，4.2.8 节已有详细介绍，不再赘述，代码如下。

```
this.node.getComponent(cc.Sprite);
```

- 为节点添加组件：addComponent，参数和用法与 getComponent 一致，为指定节点动态添加指定组件，代码如下。

```
this.addComponent(cc.Sprite);
```

常用组件接口包括获得该组件所属的节点实例和组件开关等，下面开始逐一介绍。

（1）获得该组件所属的节点实例：4.2.8 节已有详细介绍，不再赘述，代码如下。

```
this.node
```

（2）组件开关：控制是否执行 update 方法，同时控制是否渲染（draw 方法），代码如下。

```
this.enabled
```

其他常用方法详见 4.3 节组件生命周期。

4.3　组件生命周期

脚本组件中有一些特别的函数，不需要手动调用，Cocos Creator 会在合适的时间自动调用这些函数。目前提供给用户的主要回调函数有：

- onLoad；

- start；

- update；

- lateUpdate；

- onDestroy；

- onEnable；

- onDisable。

这些函数较为完整地覆盖了组件的生命周期，从开始创建到被销毁等。希望读者通过这些回调函数，了解 Cocos Creator 的组件机制与组件生命周期。

4.3.1 onLoad

onLoad 是组件构造完成后最早被调用的回调。在所属节点被激活时，节点上所有的组件脚本会被依次激活（由上至下）。onLoad 总会在 start 之前执行。在通常的开发习惯中，会在 onLoad 里做一些初始化，如果有强制先后顺序，建议把需要后置的内容放到 start 中，比如在 onLoad 中声明并初始化信息，在 start 中进行读取，范例代码如下。

```
cc.Class({
    extends: cc.Component,

    properties: {
      target: cc.Node,
    },

    onLoad: function () {
      this.target = cc.find('Canvas/hero');
    },
});
```

以上代码在 onLoad 中为属性做初始化。onLoad 时节点和组件均已创建完成，可以在这里找到其他节点和其他组件，但是其他组件的 onLoad 不一定完成。

> **注意**　组件脚本的属性在"properties"中为属性赋默认值会在组件构造时生效（还未添加到节点），节点上在属性检查器中修改的值（serializable 属性不为 false）将会在 onLoad 前生效。如果在 onLoad 中重新赋值，将以 onLoad 为准。

4.3.2 start

在 onLoad 之后，第一次 update 之前被调用。start 适合承接自己的组件或者其他组件的 onLoad 中的代码，或者为 update 中的代码做准备。

4.3.3 update

组件在激活状态下，每一帧调用一次，在该节点组件渲染（draw）前调用。游戏中有过程的行为都可以通过这个函数完成，如：节点慢慢地（非瞬间）移动到指定位置。update

用的是 Cocos Creator 的计时器，但是不同于其他版本的 Cocos，不需要任何注册计时器或其他任何代码，update 就会被调用。

范例代码如下：

```
cc.Class({
    extends: cc.Component,

    update: function (dt) {
        this.node.setPosition( 0.0, 40.0 * dt );
    }
});
```

上述代码中，通过 update 的方法，不断地设置节点位置，达到慢慢向上移动的效果。

其中 update 的参数 dt 是本次 update 调用与上次 update 的间隔时间，单位是秒，如果设置（默认值）每秒 60 帧，那么这个时间应该是接近 1/60 的值。

注意　update 中的代码尽量保持简洁、高效。不要在 update 中使用 wait 或者 sleep，否则会导致整个游戏帧速率下降，影响游戏体验。

4.3.4　lateUpdate

在所有的 update 之后执行，并且在渲染（draw）之后每帧执行。使用方式和参数同 update。同样，注意这类 update 函数的效率非常重要。

4.3.5　onDestroy

当组件或者所在节点调用了 destroy 方法，则会调用 onDestroy 回调。onDestory 方法与析构函数类似，在销毁前仍可以调用所有内容，完成善后工作。并在当前帧结束时统一回收组件。

4.3.6　onEnable

当组件的"enabled"属性从"false"变为"true"时，或者所在节点的"active"属性从"false"变为"true"并且组件处于"enable"状态时，会激活 onEnable 回调。倘若节点第一次被创建且 enabled 为 true，则会在 onLoad 之后，start 之前被调用。

4.3.7　onDisable

与"onEnable"相反。当组件的"enabled"属性从"true"变为"false"时，或者所在节点的"active"属性从"true"变为"false"并且组件处于"enable"状态时，会激活 onDisable
回调。

4.3.8　脚本执行顺序

　　每个组件会按照"onLoad"→"onEnable"→"start"→"update"→"lateUpdate"的
顺序依次执行。而同时激活的节点（比如都在被激活的场景中）上面的组件，每一个环节
要完全做完才会进入下一环节，即当所有的"onLoad"做完才会开始第一个"onEnable"。
在同一节点上的组件，靠上的组件会更早的进入下一环节。不同节点上的组件同一环节执
行顺序不可靠，建议通过把步骤放置在不同环节确保运行先后顺序。

4.4　创建和销毁节点

4.4.1　创建新节点

　　除了在编辑器中可视化地创建节点外，Cocos Creator 也支持用脚本动态创建节点。可
通过 new cc.Node()的方式创建节点，之后再给节点添加组件，达到和编辑器可视化添加一
致的效果。代码如下。

```
cc.Class({
    extends: cc.Component,

    properties: {
        sprite: cc.SpriteFrame,
    },

    start: function () {
        var node = new cc.Node('New Sprite');
        var sp = node.addComponent(cc.Sprite);

        sp.spriteFrame = this.sprite;
        node.parent = this.node;
    },
});
```

　　第 9 行中，new cc.Node 的参数是节点的名字，返回新创建的节点。新创建出来的节点
必须指定父节点，没有父节点的节点不会渲染并会在此帧结束后自动释放。

　　之后为新创建的 node 设定一些渲染元素，以便最终能看到效果。用 sprite 设置
spriteFrame 以更换显示图像，具体参照 3.4 节。

4.4.2　复制已有节点

如果不是凭空创建，而是复制场景中已有节点，可以通过 cc.instantiate 方法完成。将参数填入目标节点，返回目标节点的复制节点。代码如下：

```
cc.Class({
    extends: cc.Component,

    properties: {
        target: cc.Node,
    },

    start: function () {
        var node = cc.instantiate(this.target);

        node.parent = this.node;
        node.setPosition(0, 0);
    },
});
```

复制出来的节点的所有属性都和原节点一致。和上面例子一致，新创建出来的节点需要设置父节点，如未指定父节点，则会无效。

4.4.3　创建预制节点

Cocos Creator 建议开发者更多地使用创建与直接点方法动态创建节点。预制制作与基础操作详见 3.6 节。

用脚本动态创建预制和复制已有节点用法一致，代码如下：

```
cc.Class({
    extends: cc.Component,

    properties: {
        target: {
        default: null,
        type: cc.Prefab,
        },
    },

    start: function () {
        var scene = cc.director.getScene();
        var node = cc.instantiate(this.target);
```

```
        node.parent = scene;
        node.setPosition(0, 0);
    },
});
```

利用 cc.instantiate 方法，将预制作为第一个参数传入，然后设置父节点与坐标。

4.4.4 销毁节点

cc.Node 的实例方法 destroy()，可以销毁指定节点。之前提到过，销毁节点并不会立刻从内存中移除，而是在当前帧逻辑更新结束后，统一执行。当一个节点销毁后，该节点就处于无效状态，为防止某些未及时停止的异步回调，可以通过 cc.isValid 判断当前节点是否已经被销毁。范例代码如下：

```
cc.Class({
    extends: cc.Component,

    properties: {
        target: cc.Node,
    },

    start: function () {
        setTimeout(function () {
            this.target.destroy();
        }.bind(this), 5000);// 5 秒后销毁 Target 节点
    },

    update: function (dt) {
        if (cc.isValid(this.target)) {
            this.target.rotation += dt * 10.0;
        }
    },
});
```

上述代码是一种安全写法，来确保 this.target 的有效性。

注意　destroy 和传统的 Cocos 移除节点方式 remove-FromParent 不同，它会真的在一帧内清除节点，而后者仍然采取引用计数机制，不能确保何时移除。另外 destroy 会触发组件脚本上的 onDestroy，强烈建议使用 destroy 进行节点销毁。

4.5　资源管理

4.5.1　加载和切换场景

通常情况下，Cocos Creator 通过 cc.director 的实例方法 loadScene 来加载或替换场景。代码如下：

```
cc.director.loadScene("NewScene");
```

传入参数是场景的文件名的字符串，无扩展名。如果之前有别的已加载场景，新场景会替代已加载场景。新场景中的节点将会逐个进入激活状态，节点上的组件也会依次进入激活状态。旧场景的节点及其对应组件将进入非激活状态并在合适的时机从内存中清理。

加载场景回调：Cocos Creator 还提供了可以配置的场景加载完毕时的自定义回调。loadScene 方法提供了两个参数的重载（类似概念），第二个参数就是场景加载好后的自定义回调。代码如下。

```
cc.director.loadScene("NewScene", onSceneLaunched);
```

在场景加载完毕，会调用回调，这种方式可以用来进一步初始化或数据传递。

由于回调函数会写在旧场景节点所属的组件中，所以经常要配合常驻节点一同使用，常驻节点请参照常驻节点章节。

预加载场景：由于加载某些场景需要一些时间，为了避免切换场景时间过长而导致卡顿，可以选用提前异步加载场景的方式。这种预加载是异步完成的，不会造成任何卡顿，代码如下：

```
cc.director.preloadScene("new scene", function () {
    cc.log("scene is preloaded");
});
```

预加载会在加载完成之后回调自定义回调函数，然后在需要的时候调用 loadScene 做场景切换。

注意　场景切换会等场景加载完成后运行，如果场景预加载并没有完成会继续加载，直至加载完成后再进行场景切换。在加载过程中原场景会正常工作，包括 update、动画、事件响应等。

常驻节点：常驻节点是在场景切换时不会被销毁的节点，它会从旧场景中被拿出来放到新场景，默认放置到根节点。由于它默认不在画布中，所以不适合做渲染，但是它常驻内存的特性十分适合传递数据。用如下接口注册一个常驻节点：

```
cc.game.addPersistRootNode(myNode);
```

唯一参数是场景中的一般节点，通过此行脚本，会把一个普通节点变为常驻节点。对应的，用如下接口取消一个常驻节点：

```
cc.game.removePersistRootNode(myNode);
```

注意　"removePersistRootNode"方法不会删除指定节点，只是把它恢复成一般节点。

4.5.2　脚本中的资源

Cocos Creator 将资源分为两大类：Asset 和 Raw Asset。下面介绍两种资源的特点、区别与使用方法。

（1）Asset：普通资源，这种资源会被 Cocos Creator 更好地管理和加载，并会自动生成资源依赖，需要的时候也会自动预加载。主要包括 cc.SpriteFrame、cc.AnimationClip 和 cc.Prefab。脚本中按如下方式定义 Asset 属性。

```
cc.Class({
    extends: cc.Component,
    properties: {
        spriteFrame: {
            default: null,
            type: cc.SpriteFrame
        },
    }
});
```

注意　如果场景中有大量 Asset，这些 Asset 会在加载场景时自动被加载；同时必须等待所有 Asset 加载完毕，场景才会加载完成。在场景加载完成之前是不能加载其他场景的。

（2）Raw Asset：Cocos Creator 还支持一些 Cocos2d 的旧类型资源，用 URL 指代资源。主要包括 cc.Texture2D，cc.AudioClip，cc.ParticleAsset 等。Raw Asset 在组件脚本中用 URL 来表示和引用。脚本中按如下方式定义。

```
cc.Class({
    extends: cc.Component,
    properties: {
        textureURL: {
            default: "",
            url: cc.Texture2D
        }
    }
});
```

 注意 Raw Asset 声明属性时不能用 type 属性，需要用 url 属性，注意大小写。

4.5.3 动态加载

 注意 动态加载资源必须放在 Asset/resources 目录下，其中 resources 文件夹需要手动创建，注意目录层级、目录名、大小写均不能错。如图 4-20 所示。

图 4-20

动态加载 Asset：对于 Asset 资源，Cocos Creator 提供了"cc.loader.loadRes"方法。代码参照如下。

```
cc.loader.loadRes("Prefabs/prefab1", function (err, prefab) {
    var newNode = cc.instantiate(prefab);
    cc.director.getScene().addChild(newNode);
});
```

其中第一个参数是资源的相对 resources 目录的路径，不包含扩展名。第二个参数是加载完成后的回调方法，有两个参数，第一个是报错，如果加载顺利"err"会为"null"，否则会包含出错消息；第二个参数是加载好的 Asset。

针对同一个文件名，有时会有多种资源类型可能，比如针对一张图片，可能是 cc.Sprite Frame 的 Asset，也有可能是 cc.Texture2D 的 Raw Asset。可以通过强制指定加载资源类型的方式确保正确，代码如下：

```
var self = this;
cc.loader.loadRes("Pics/p1", cc.SpriteFrame, function (err, spriteFrame) {
    self.node.getComponent(cc.Sprite).spriteFrame = spriteFrame;
});
```

上述代码通过 loadRes 的第二个参数，强制指定为 cc.SpriteFrame 资源，并在回调中进行后续处理。

动态加载 Raw Asset：Raw Asset 可以直接使用 URL 从远程服务器上加载，也可以从项目中动态加载。对"resources"文件夹内的 Raw Asset，加载方式和 Asset 一样，代码如下。

```
cc.loader.loadRes("Pic/p1", function (err, texture) {
    //...
});
```

加载远程资源：远程指的是网络，必须支持 HTTP 下载协议，范例代码如下。

```
var remoteUrl = "http://unknown.org/someres.png";
cc.loader.load(remoteUrl, function (err, texture) {
    // Use texture to create sprite frame
});

// 远程 url 不带图片后缀名，此时必须指定远程图片文件的类型
remoteUrl = "http://unknown.org/emoji?id=124982374";
cc.loader.load({url: remoteUrl, type: 'png'}, function () {
    // Use texture to create sprite frame
});
```

资源批量加载：加载同一路径下的多个资源，通常用于加载图集，代码如下。

```
// 加载 test assets 目录下所有资源
cc.loader.loadResDir("Pics", function (err, assets) {
    // ...
});

// 加载 sheep.plist 图集中的所有 SpriteFrame
cc.loader.loadResDir("Sheeps/sheep", cc.SpriteFrame, function (err, assets) {
    // assets 是一个 SpriteFrame 数组，已经包含了图集中的所有 SpriteFrame。
});
```

4.6   CCClass 进阶参考

4.6.1   构造函数

CCClass 的构造函数使用 ctor 定义，和常规的构造函数一样，此函数会在组件脚本产生时调用。

> **注意**   子类如果没有定义构造函数，子类实例化前父类的构造函数也会被调用。
>
> ctor 会默认调用父类的构造函数，用户不需要再手动调用。
>
> 如果需要强制不调用父类构造函数，可使用 __ctor__ 替代 ctor。

4.6.2   判断类型

判断一个实例是否属于一个类，用 JavaScript 的原生接口 "instanceof"，范例代码如下：

```
var Child = cc.Class({
    extends: Father
});

var child = new Child();
cc.log(child instanceof Child);       // true
cc.log(child instanceof Father);      // true

var father = new Father();
cc.log(father instanceof Child);      // false
```

判断一个类是否是另一个类的子类，使用 Cocos Creator 接口 "cc.isChildClassOf"，范例代码如下：

```
var Father = cc.Class();
var Child = cc.Class({
    extends: Father
});
cc.log(cc.isChildClassOf(Child, Father));   // true
```

> **注意**   cc.isChildClassOf 的两个参数需要填入构造方法，判断返回第一个参数是否是第二个参数的子类，顺序不可颠倒。如果两个参数一样，会返回 true。

4.6.3 重写

所有成员方法都是虚方法，子类可以直接重写父类方法，代码如下：

```
var Father = cc.Class({
    getName: function () {
        return "father";
    }
});
var Child = cc.Class({
    extends: Father,
    getName: function () {
        return "child";
    }
});
var obj = new Child();
cc.log(obj.getName());    // "child"
```

 注意 重写的成员方法，不会像构造函数那样自动调用成员函数。如果需要调用父类成员方法，需要用关键字 "this._super" 表示父类同名成员方法，代码如下。

```
var Father = cc.Class({
    getName: function () {
        return "father";
    }
});
var Child = cc.Class({
    extends: Father,
    getName: function () {
        var fatherName = this._super();
        return "child"+":"+fatherName;
    }
});
var obj = new Child();
cc.log(obj.getName());    // "child:father"
```

4.6.4 属性的 get 与 set 方法

在属性中设置了 get 或 set 方法以后，在属性访问或赋值时会自动调用 get 或 set 方法。其方法的代码如下：

```
properties: {
    width: {
```

```
    get: function () {
        return this.__width;
    },
    set:function(w){
        this.__width = w;
    }
}
},
```

 注意 get、set 方法在构造函数中就会生效。一旦设定了 get、set 方法，这个属性就无法被序列化，也无法被赋予初值，同时不能用 "default" 和 "serializable" 参数。其他属性参数都可正常使用。

如果只有 get 方法没有 set 方法，这个属性将会变为只读。

4.7 小结

本章介绍了 Cocos Creator 中脚本开发的环境搭建、基础知识、代码规定等，并对应展示了一些简单案例。

第 5 章
事件系统

事件系统是游戏开发领域常见的进程内消息传递机制，适用于各种封装、解耦架构，常用于各大游戏引擎。JavaScript 本身就有一套完整高效的事件系统，Cocos Creator 在 JavaScript 的基础事件系统上，封装了 Cocos 的事件系统。

Cocos Creator 作为跨平台游戏引擎，能够发射、接受并处理系统事件、玩家输入事件和其他自定义事件。其中系统事件主要包括触摸事件和鼠标事件等；玩家输入事件主要包括键盘事件和重力感应事件等；Cocos Creator 中大量运用自定义事件来实现自定义回调，如按钮点击事件、资源加载完成事件或滚动视图滚动到第 N 页等。

本章将介绍 Cocos Creator 中如何使用事件系统完成各种用户输入反馈等内容。

本章包括以下能够帮助读者用最快速度上手的教程内容：

- 发射和监听事件；

- 系统内置事件；

- 玩家输入事件。

5.1　发射和监听事件

5.1.1　Cocos Creator 的事件系统

Cocos Creator 有一套完整的事件监听和分发机制。和其他事件系统一样，Cocos Creator 事件分为发射者、监听者和分发者角色。角色间的关系与动作顺序大致如下：

（1）监听者在合适的时间针对指定事件做监听（通知分发者这里有代码对此事件感兴趣）；

（2）事件发生时由发射者发出事件（出事后由发射者通知分发者）；

（3）分发者根据当前的监听情况，把事件通知所有针对此事件正在监听的监听者；

（4）监听者在合适的时间停止针对制订事件做监听（通知分发者这段代码对此事件不再感兴趣了）。

在这套机制之上，Cocos Creator 提供了一些基础的与节点相关的系统事件。Cocos Creator 的事件处理大部分是在节点中完成的。对于组件，可以通过访问节点（比如通过 this.node 找到自己所属节点）来注册和监听事件。

5.1.2　监听事件

监听事件可以通过 cc.Node 的 on 函数来注册，具体 API 如下。

```
on ( type, callback, [target], [useCapture =false] )
```

在节点上注册指定类型的回调函数，也可设置 target 用于绑定响应函数的调用者。参数见表 5-1。

表 5-1

名称	类型	描述
type	String	监听事件类型，和发射事件类型对应。用户自定义事件类型注意不要和其他事件重复
callback	Function	事件发生后的回调函数，如果同一事件类型回调重复将被忽略（回调是独一无二的）
Target（可选参数）	Object	调用回调的目标，可以是 null 值
useCapture（可选参数）	Boolean	捕获模式开关

返回值是注册成功的回调函数，为了更方便地保存匿名回调函数，利用此返回值关闭事件监听。

在当前组件所依附节点注册针对"mousedown"事件的事件监听，并在事件发生后在串口打印"Hello!"，范例代码如下：

```
cc.Class({
    extends: cc.Component,
    properties: {
    },
    onLoad: function () {
```

```
    this.node.on('mousedown', function ( event ) {
      console.log('Hello!');
    });
  },
});
```

事件监听函数 on 的第二个参数 callback 是有一个传入参数的，在事件监听回调中，监听者会接收到一个 cc.Event 类型的事件对象 event，event 的常见属性（properties）见表 5-2。

表 5-2

名称	类型	描述
type	String	事件的类型（事件名）
bubbles	Boolean	表示该事件是否进行冒泡
target	cc.Node	接收到事件的原始对象
currentTarget	cc.Node	接收到事件的当前对象，事件在冒泡阶段当前对象可能与原始对象不同
stopPropagation	Function	停止冒泡阶段，事件将不会继续向父节点传递，当前节点的剩余监听器仍然会接收到事件
stopPropagationImmediate	Function	立即停止事件的传递，事件将不会传给父节点以及当前节点的剩余监听器
detail	Function	自定义事件的信息（属于 cc.Event.EventCustom）
setUserData	Function	设置自定义事件的信息（属于 cc.Event.EventCustom）
getUserData	Function	获取自定义事件的信息（属于 cc.Event.EventCustom）

事件监听函数 on 的第 3 个参数 target，是可选参数，用于绑定响应函数的调用者。基于 JavaScript 语言特性，target 会影响到回调函数中关键字 "this" 的取值。回调函数使用以下两种调用方式，效果上是相同的，代码如下。

```
// 方式 1: 使用函数绑定
this.node.on('mousedown', function ( event ) {
  this.enabled = false;
}.bind(this));
// 方式 2: 使用第 3 个参数
this.node.on('mousedown', function (event) {
  this.enabled = false;
}, this);
```

事件监听函数 on 的第 4 个参数 useCapture，是可选参数，用于设置事件监听为捕获模式。捕获模式和冒泡模式有着相反的事件传输顺序，捕获模式详见 5.1.5 节。

5.1.3 关闭监听

当组件不再关心某个事件时，可以使用 off 方法关闭对应的监听事件。具体 API 如下：

```
off ( type, callback, [target ], [useCapture =false] )
```

删除之前与同类型、回调、目标和 useCapture 注册的回调。

参数见表 5-3。

表 5-3

名称	类型	描述
type	String	监听事件类型，和 on 中事件类型对应
callback	Function	事件发生后的回调函数，这里注意必须和 on 中的回调值相同
Target（可选参数）	Object	调用回调的目标，可以是 null 值
useCapture（可选参数）	Boolean	捕获模式开关

无返回值。

建议代码中 on 与 off 逐一对应，如果是在 onEnable 中写 on，建议在 onDisable 中或者其他合适的位置写 off。需要注意的是，off 方法的参数必须和 on 方法的参数一致，才能完成关闭。

推荐的书写方法如下：

```
cc.Class({
 extends: cc.Component,
 _sayHello: function () {
  console.log('Hello World');
 },
 onEnable: function () {
  this.node.on('foobar', this._sayHello, this);
 },
 onDisable: function () {
  this.node.off('foobar', this._sayHello, this);
 },
});
```

注意 以匿名函数为参数的 on 方法，需要保存返回值填入对应的 off 中。

5.1.4 发射事件

通常情况下，可以通过两种方式发射事件：emit 和 dispatchEvent。两者都是 cc.Node 的成员方法，两者的区别在于，后者可以做事件传递。具体 API 如下。

emit (message, [detail])

向这个对象直接发送事件，这种方法不会将事件传播到任何其他对象。参数见表 5-4。

表 5-4

名称	类型	描述
message	String	发射事件类型，和 on 中事件类型对应
detail（可选参数）	Any	事件携带信息，可以是任何类型

无返回值。

首先通过一个简单的例子来了解 emit 事件，自定义一个名为"myEvent"的事件，并在 onLoad 的时候进行监听，如果收到事件就把事件携带信息打印到串口。最后在 start 的时候发射"myEvent"事件，并携带了"Hello, this is Cocos Creator"信息：

```
cc.Class({
  extends: cc.Component,
  onLoad: function () {
    this.node.on('myEvent', function (event) {
      console.log(event.detail.msg);
    });
  },
  start: function () {
    this.node.emit(''myEvent'', {
      msg: 'Hello, this is Cocos Creator',
    });
  },
});
```

运行结果为串口打印"Hello, this is Cocos Creator"。

 注意 emit 发射事件方式只适用于本组件之内传输，并且在其他组件内监听不到此事件。

5.1.5　分发事件

上文提到了 dispatchEvent 方法，通过该方法发射的事件，会进入事件分发阶段。在 Cocos Creator 的事件分发系统中一共有两种事件分发模式，冒泡模式与捕获模式。两者并行出现，即一个事件可被捕获模式监听也可被冒泡模式监听，并不冲突。

（1）冒泡模式（bubble）：冒泡模式分发会将事件从事件发起节点，不断地向上传递给其父级节点，直到到达根节点或者在某个节点的响应函数中调用了中断处理方法 event.stopPropagation。

如图 5-1 所示，从节点 C 发送事件 "foobar"，倘若节点 A、B 均做了 "foobar" 事件的监听，则事件会经由 C 依次传递给 B、A 节点。

C 节点组件代码如下：

```
// 节点 c 的组件脚本中
this.node.dispatchEvent( new cc.Event.EventCustom('foobar', true) );
```

如果希望在 B 节点截获事件后就不再将事件传递给 A，可以通过调用 event.stopPropagation 函数来完成。范例代码如下：

```
// 节点 b 的组件脚本中
this.node.on('foobar', function (event) {
  event.stopPropagation();
});
```

上述代码的第 2 行开始是注册了针对 foobar 事件的监听，并在第 3 行事件处理回调中调用了事件终止传递方法。这种方式很适用于触摸或者鼠标点击的方式，从界面中最靠上（遮挡关系较高的）的部分开始，逐层处理，直到需要阻断下层触摸的节点再阻止事件传输即可。

（2）捕获模式（capture）：上面提到冒泡模式是由子节点向父节点传递事件，而捕获模式正好相反，由事件发起节点的最高父节点开始，逐级向子节点传递，如图 5-2 所示。直到到达最低子节点或者在某个节点的响应函数中做了中断处理 event.stopPropagation。

图 5-1　　　　　　　　　　　　　　　　　图 5-2

如果事件无论如何不希望被上层内容阻断，则需要将事件监听注册为捕获模式（capture）。

> **注意** 捕获模式完全完成后才开始冒泡模式。如果捕获模式中做了中断处理 event.stopPropagation，则会影响到后面的冒泡（bubble）模式。

发射和监听事件案例

通过案例体会 Cocos Creator 发射事件到事件分发的主要过程，首先看一下默认的冒泡模式事件传输顺序。操作步骤如下。

（1）建立场景文件夹与新场景"EventDispatchScene"，并在"Canvas"节点下建立 3 个空节点"A、B 和 C"并形成逐层父子关系，如图 5-3 所示。

（2）建立脚本文件夹与事件发送脚本"EventSender"，如图 5-4 所示。

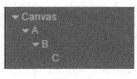

图 5-3

图 5-4

（3）编辑 EventSender 脚本，在脚本执行开始时发送"my_event"事件给事件分发系统，代码如下：

```
cc.Class({
    extends: cc.Component,
    start:function(){
        this.node.dispatchEvent( new cc.Event.EventCustom('my_event', true));
    }
});
```

代码第 4 行，发送事件放在 start 函数中，把所有的事件监听代码均放在 onLoad 里。由于 starrt 晚于 onLoad，确定所有的组件监听注册都已完成，通过观察监听事件回调测试的串口输出顺序与内容来解读事件分发机制。

> **注意** 在发送用户自定义事件的时候，由于 cc.Event 是一个抽象类，请不要直接创建对象，先创建 cc.Event.EventCustom 对象来进行派发。

（4）将 EventSender 添加到节点 C 上，如图 5-5 所示。

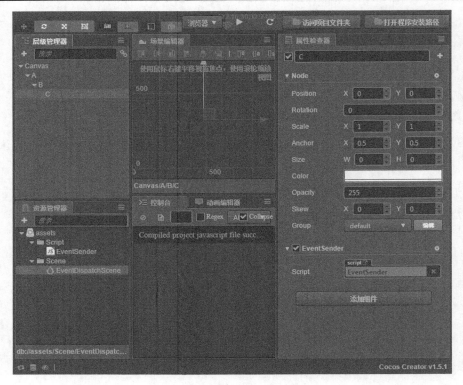

图 5-5

（5）新建事件监听脚本"EventListener"并编辑，代码如下：

```
cc.Class({
    extends: cc.Component,

    // use this for initialization
    onLoad: function () {
        this.node.on('my_event', function (event) {
            cc.log("event is catched by:"+this.node.name);
        },this);
    },
});
```

上述代码的主要功能为收到"my_event"事件时串口输出"event is catched by:"和节点名字，通过输出来确认节点收到事件并正确做出回应。

注意　由于后面用到了 this.node.name，这里必须要写第 3 个参数"this"，否则将不能正确找到监听节点名字。

注意 不写第 4 个参数 "useCapture"，则默认为非捕获模式。

（6）将 EventListener 分别添加到 A、B、C 上，如图 5-6 所示。

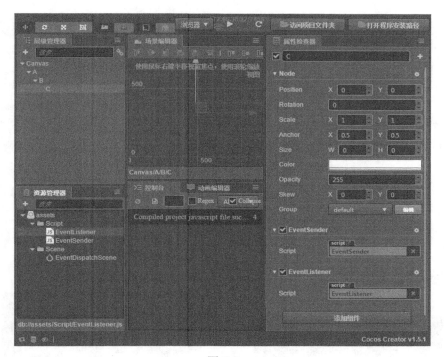

图 5-6

虽然绑定同一脚本，但是当节点监听事件触发时会打印出不同组件名字以区分不同节点。

（7）编译、运行预览查看串口输出（VS Code 界面），如图 5-7 所示。

从结果顺序看出：从事件监听最下层子节点 C 开始，逐层向上传递直至根节点 A。

下面尝试在上述案例的基础上做修改，观察捕获模式顺序与捕获模式和冒泡模式的顺序关系，参照如下顺序进行试验。

（8）新建事件监听脚本"EventListenerCapture"并编辑，代码如下：

```
cc.Class({
    extends: cc.Component,

    // use this for initialization
    onLoad: function () {
```

```
        this.node.on('my_event', function (event) {
            cc.log("event is catched by:"+this.node.name+"(capture)");
        },this,true);
    },
});
```

注意　上述代码绝大部分和 EventListener 脚本非常相似，但是第 7 行输出部分加入了后缀，用于区分捕获模式和冒泡模式。第 8 行 on 方法添加了第 4 个参数传入 true 来表示捕获模式监听事件。

（9）将 EventListenerCapture 分别添加到 A、B、C 上，使 A、B、C 同时拥有脚本 EventListenerCapture 和脚本 EventListener。

注意　事件监听和发射都是没有限制的，可以在一个节点或一个组件中重复监听，事件触发会依次调用监听回调。但是监听同一事件的回调不能相同，否则系统会按照一条监听处理。

（10）编译、运行预览查看串口输出（VS Code 界面），如图 5-8 所示。

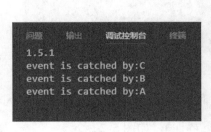

图 5-7

图 5-8

可以得出的结论是捕获模式优先于冒泡模式触发。捕获模式分发顺序如上文提到，从根节点开始逐级向下，直到最下层子节点。所有捕获模式监听回调处理完成后开始正常的冒泡模式分发，从根部最下层的子节点开始，直至根节点。

下面再进行一个有关事件拦截的案例尝试。

（1）新建事件监听并阻断脚本"EventListenStoper"并编辑，代码如下：

```
cc.Class({
    extends: cc.Component,
```

```
// use this for initialization
onLoad: function () {
    this.node.on('my_event', function (event) {
        cc.log("event is catched by:"+this.node.name+" and stop");
        event.stopPropagation();
    },this);
},
});
```

代码中第 8 行，在日志输出后，进行了事件传递拦截。

（2）将 EventListenStoper 添加到 B 上，并将 EventListenStoper 组建上移，移至 Event Listener 和 EventListenerCapture 的上方，使得此组件在 B 节点上最优先运行，如图 5-9 所示。

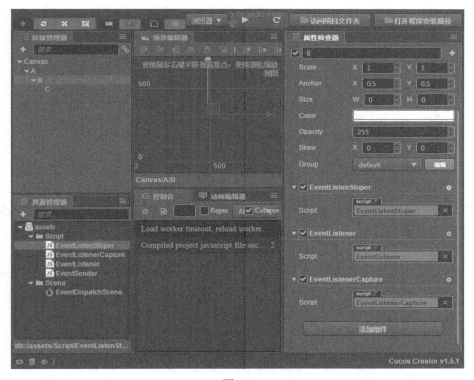

图 5-9

注意　同节点上组件的 onLoad、start 等方法的运行顺序与组件上下顺序有关，详见 4.3 节。这里让阻止者在本组件的监听者之前运行，主要为测试是否可以阻断本节点其他事件监听。

（3）编译、运行预览查看串口输出（VS Code 界面），如图 5-10 所示。

根据结果可知冒泡阻止者（EventListenStoper）阻止了冒泡到 B 之后的事件分发，但是没有阻止本节点上稍后运行的冒泡模式事件监听的回调，这是由于 stopPropagation 方法本身设计就是如此，如果希望阻断自身节点上其他监听回调，请用 stopPropagationImmediate 代替。

图 5-10

（4）新建事件捕获模式监听并阻断脚本"EventListenStoperCapture"，并编辑，代码如下：

```
cc.Class({
    extends: cc.Component,

    // use this for initialization
    onLoad: function () {
        this.node.on('my_event', function (event) {
            cc.log("event is catched by:"+this.node.name+" and stop");
            event.stopPropagation();
        },this,true);
    },
});
```

此阻断脚本和 EventListenStoper 的区别在于第 9 行，事件监听注册时第 4 个参数为 true，捕获模式阻断。

（5）将 EventListenStoper 添加到 B 上，如图 5-11 所示。

这里顺序并不重要，留在最后就好。

（6）编译、运行预览查看串口输出（VS Code 界面），如图 5-12 所示。

> **注意**　捕获模式一旦阻断（stopPropagation），冒泡模式将无法收到事件分发。Cocos Creator 对用户隐藏了事件处理优先级，在需要使用捕获模式并需要阻断时务必要小心。

（7）小结：上述案例展示了从发射自定义事件到分发的过程，以及捕获模式和冒泡模式两种分发机制。

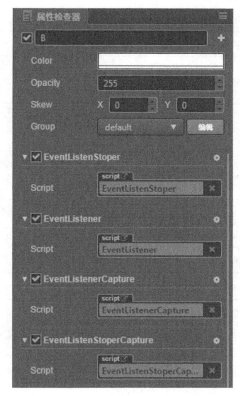

图 5-11

图 5-12

5.2 系统内置事件

Cocos Creator 支持的系统事件主要包含鼠标、触摸、键盘和重力传感 4 种，其中本节重点介绍与节点相关联的鼠标和触摸事件，这些事件是会直接触发在相关节点上的，所以被称为节点系统事件。与之对应的，键盘和重力传感事件被称为全局系统事件。

5.2.1 鼠标事件

注意 鼠标事件只在桌面平台才会触发，如果需要跨平台至手机或者平板，建议参考 5.2.3 节。

鼠标事件枚举内容见表 5-5。

表 5-5

枚举对象定义	对应的事件名	事件触发的时机
cc.Node.EventType.MOUSE_DOWN	'mousedown'	当鼠标光标在目标节点区域时，按下触发一次
cc.Node.EventType.MOUSE_ENTER	'mouseenter'	当鼠标光标移入目标节点区域时，不论是否按下
cc.Node.EventType.MOUSE_MOVE	'mousemove'	当鼠标光标在目标节点区域中移动时，不论是否按下
cc.Node.EventType.MOUSE_LEAVE	'mouseleave'	当鼠标光标移出目标节点区域时，不论是否按下
cc.Node.EventType.MOUSE_UP	'mouseup'	当鼠标光标从按下状态松开时触发一次
cc.Node.EventType.MOUSE_WHEEL	'mousewheel'	当鼠标光标滚轮滚动时

　　系统事件和所有事件一样注册监听并使用，开发者既可以使用枚举类型也可以直接使用事件名来注册事件的监听器。范例代码如下：

```
// 使用枚举类型来注册
node.on(cc.Node.EventType.MOUSE_DOWN, function (event) {
  cc.log('Mouse down');
}, this);
// 使用事件名来注册
node.on('mousedown', function (event) {
  cc.log('Mouse down');
}, this);
```

　　上述代码中第 2 行与第 6 行中回调的参数 event 为鼠标事件（cc.Event.EventMouse），除了继承了基础的事件接口外，提供额外的重要接口见表 5-6。

表 5-6

函数名	返回值类型	意义
getScrollY	Number	获取滚轮滚动的 Y 轴距离，只有滚动时才有效
getLocation	Object	获取鼠标位置对象，对象包含 X 和 Y 属性
getLocationX	Number	获取鼠标的 X 轴位置
getLocationY	Number	获取鼠标的 Y 轴位置

续表

函数名	返回值类型	意义
getPreviousLocation	Object	获取鼠标事件上次触发时的位置对象，对象包含 X 和 Y 属性
getDelta	Object	获取鼠标距离上一次事件移动的距离对象，对象包含 X 和 Y 属性
getDeltaX	Number	获取鼠标距离上一次事件移动的 X 轴距离
getDeltaY	Number	获取鼠标距离上一次事件移动的 Y 轴距离
getButton	Number	cc.Event.EventMouse.BUTTON_LEFT 或 cc.Event.EventMouse.BUTTON_RIGHT 或 cc.Event.EventMouse.BUTTON_MIDDLE

上述 API 使用范例，比如当需要在鼠标点击的时候串口输出鼠标的坐标，代码如下：

```
node.on(cc.Node.EventType.MOUSE_DOWN, function (event) {
  cc.log('Mouse pos:('+event.getLocationX()+','+even.getLocationY()+')');
}, this);
```

鼠标事件案例

通过一个简单案例，尝试鼠标常用的点击、拖曳、滚轮等操作来进一步了解鼠标事件。

首先尝试实现鼠标拖曳，即当鼠标在指定节点（一个矩形）范围内点击并拖曳，被拖曳节点跟随鼠标移动，鼠标放开后节点不再跟随鼠标移动。

（1）建立新场景"MouseEventScene"并打开。

（2）在场景中建立新节点"创建节点"→"创建渲染节点"→"Sprite（单色）"，并改名为"Target"，如图 5-13 所示。

（3）新建并编辑鼠标事件脚本"MouseEvent"，代码如下：

```
cc.Class({
    extends: cc.Component,

    move: function (event) {
        this.node.x += event.getDeltaX();
        this.node.y += event.getDeltaY();
    },

    // use this for initialization
    onLoad: function () {
```

```
    this.node.on(cc.Node.EventType.MOUSE_DOWN, function () {
        this.node.on(cc.Node.EventType.MOUSE_MOVE, this.move, this);
    }, this);
    this.node.on(cc.Node.EventType.MOUSE_UP, function () {
        this.node.off(cc.Node.EventType.MOUSE_MOVE, this.move, this);
    }, this);
    },
});
```

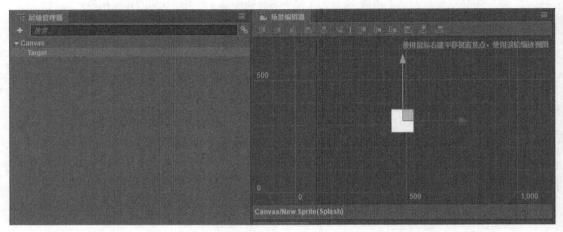

图 5-13

上述代码做了事件监听的嵌套，代码第 11 行至第 12 行，当鼠标点下时对鼠标移动做了监听，并且指明回调为 "this.move"，代码第 14 行至第 15 行在鼠标抬起时取消了对鼠标移动的监听。

> **注意**　鼠标事件只有鼠标在节点的范围内（注意建立监听的节点的 Size），才会收到鼠标事件。即在屏幕中的方格外面点击鼠标是不会调用之前注册的自定义回调的。

（4）"Target" 添加组件 "MouseEvent"。

（5）运行查看效果，尝试用鼠标拖曳方块，方块随鼠标移动，如图 5-14 所示。

上例中使用检测鼠标偏移量的方式并将方块一同移动以达到拖曳效果，代码简单，但是如果测试过程中鼠标移动速度过快，可能引起移动不同步等问题，稍后章节会展示用其他方式解决此类问题。

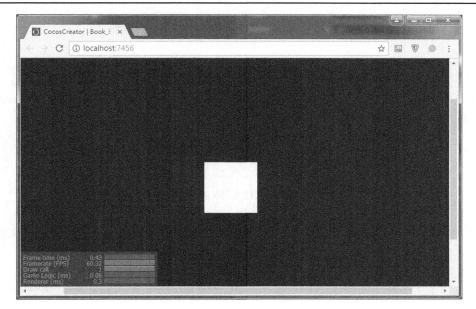

图 5-14

（6）再进一步增加滚轮使方框缩放的功能。修改脚本"MouseEvent"，代码如下：

```
cc.Class({
    extends: cc.Component,

    move: function (event) {
        this.node.x += event.getDeltaX();
        this.node.y += event.getDeltaY();
    },

    // use this for initialization
    onLoad: function () {
        this.scroll = 0;

        this.node.on(cc.Node.EventType.MOUSE_DOWN, function () {
            this.node.on(cc.Node.EventType.MOUSE_MOVE, this.move, this);
        }, this);
        this.node.on(cc.Node.EventType.MOUSE_UP, function () {
            this.node.off(cc.Node.EventType.MOUSE_MOVE, this.move, this);
        }, this);
        this.node.on(cc.Node.EventType.MOUSE_WHEEL, function (event) {
            this.scroll += event.getScrollY();
            var h = this.node.height;
            this.scroll = cc.clampf(this.scroll, -2 * h, 0.7 * h);
```

```
      this.node.scale = 1 - this.scroll/h;
   }, this);
},
});
```

相较之前的代码，主要修改了两个部分，代码第 11 行添加了成员变量 "this.scroll"，用于记录管理滚轮累计滚动状态；代码第 19 行至 24 行，增加了对滚轮的事件监听。

 注意　针对鼠标滚轮的事件仍然是只有在节点范围内才生效，所以不需要在代码中做判断，只要开始调用回调就一定是鼠标光标正指在节点上。

获得滚轮距离 "event.getScrollY()" 获得的是一次滚动的增量值，并不累加，所以开发者需要自己对它进行累加，并把节点按照累加值进行缩放。

（7）运行看效果，拖曳部分照旧工作；把鼠标光标指向方块并垂直滚动滚轮，方块随之放大缩小。

为了使游戏的用户交互更加友善，开发者经常会给用户一些操作反馈，提示用户操作有效，这是游戏设计的常用技巧之一。在此也做类似操作，将矩形初始化为半透明状态（透明度调整至 50）；当鼠标光标经过矩形时（并不点击，只是指向），变得相对不透明（透明度调整至 160）；当矩形被点击时变得完全不透明（透明度调整至 255），拖曳结束后恢复到半透明状态。

（8）修改脚本 "MouseEvent"，代码如下：

```
cc.Class({
    extends: cc.Component,

    move: function (event) {
        this.node.x += event.getDeltaX();
        this.node.y += event.getDeltaY();
    },

    // use this for initialization
    onLoad: function () {
        this.scroll = 0;
        this.node.opacity = 50;
        this.node.on(cc.Node.EventType.MOUSE_DOWN, function () {
            this.node.opacity = 255;
            this.node.on(cc.Node.EventType.MOUSE_MOVE, this.move, this);
        }, this);
```

```
this.node.on(cc.Node.EventType.MOUSE_ENTER, function () {
    this.node.opacity = 160;
}, this);
this.node.on(cc.Node.EventType.MOUSE_LEAVE, function () {
    this.node.opacity = 50;
    this.node.off(cc.Node.EventType.MOUSE_MOVE, this.move, this);
}, this);
this.node.on(cc.Node.EventType.MOUSE_UP, function () {
    this.node.opacity = 50;
    this.node.off(cc.Node.EventType.MOUSE_MOVE, this.move, this);
}, this);
this.node.on(cc.Node.EventType.MOUSE_WHEEL, function (event) {
    this.scroll += event.getScrollY();
    var h = this.node.height;
    this.scroll = cc.clampf(this.scroll, -2 * h, 0.7 * h);
    this.node.scale = 1 - this.scroll/h;
}, this);
    },
});
```

（9）运行查看结果，矩形变为半透明（由于黑色背景，白色半透明颜色偏灰），拖曳部分和缩放部分照旧工作；鼠标经过时方块变亮；点击拖曳时变为纯不透明状态。

（10）小结：上述案例展示了鼠标常用基本操作点击、拖曳和滚轮等，以及对应的常用处理方式。

5.2.2 触摸事件

触摸事件在移动平台和桌面平台都会触发，在桌面平台会以鼠标的方式触发。这种设计方式，使开发者更容易在桌面平台调试触屏游戏，只需要监听触摸事件即可同时响应移动平台的触摸事件和桌面端的鼠标事件。系统提供的触摸事件类型见表 5-7。

表 5-7

枚举对象定义	对应的事件名	事件触发的时机
cc.Node.EventType.TOUCH_START	'touchstart'	当手指触点落在目标节点区域内时
cc.Node.EventType.TOUCH_MOVE	'touchmove'	当手指在屏幕上目标节点区域内移动时
cc.Node.EventType.TOUCH_END	'touchend'	当手指在目标节点区域内离开屏幕时
cc.Node.EventType.TOUCH_CANCEL	'touchcancel'	当手指在目标节点区域外离开屏幕时

Cocos Creator 把所有触摸规范成 4 个事件，和鼠标事件类似。其中比较特别的是触摸取消事件，在触摸没有结束前（手没有离开屏幕前），出现以下几种情况会触发触摸取消事件：

- 手滑到触屏以外；

- 事件监听节点销毁（比如场景切换等）；

- 系统级别中断（比如手机弹出电量提醒等）。

触摸取消后不会接收到触摸结束（'touchend'）事件。通常情况下触摸取消需要做一些善后工作，比如把因拖曳悬在半路的节点放回原有位置等。

触摸事件（cc.Event.EventTouch）和鼠标事件类似，有自己独特的接口。触摸事件常见 API 见表 5-8（除 cc.Event 标准事件 API 以外）。

表 5-8

API 名	类型	意义
touch	cc.Touch	与当前事件关联的触点对象
getID	Number	获取触点的 ID，用于多点触摸的逻辑判断
getLocation	Object	获取触点位置对象，对象包含 X 和 Y 属性
getLocationX	Number	获取触点的 X 轴位置
getLocationY	Number	获取触点的 Y 轴位置
getPreviousLocation	Object	获取触点上一次触发事件时的位置对象，对象包含 X 和 Y 属性
getStartLocation	Object	获取触点初始时的位置对象，对象包含 X 和 Y 属性
getDelta	Object	获取触点距离上一次事件移动的距离对象，对象包含 X 和 Y 属性

 注意　触摸事件支持多点触摸，每个触点都会发送一次事件给事件监听器。桌面平台鼠标只能触发单点触摸。

触摸事件冒泡案例

触摸事件也是支持冒泡模式的。结合触摸事件与事件的冒泡模式分发，此案例做一个 3 层内容，每一层都接受触摸事件，可跟随触摸拖曳移动。要求上层（遮挡者）拖曳不影响下层（被遮挡者），且下层拖曳，它上面所有节点一同移动。

（1）建立新场景 "TouchEventScene" 并打开。

（2）场景中建立 3 个新节点 "创建节点" → "创建渲染节点" → "Sprite（单色）"，改名为 "A"、"B" 和 "C"，设置 "A" 的 Size 为 200×200，颜色为红色并作为 "B" 的父节点，设置"B"的 Size 为 150×150，颜色为蓝色并为"C"的父节点，设置"C"的 Size 为 100×100，颜色为绿色。如图 5-15 所示。

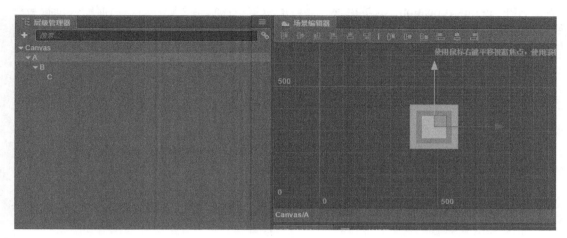

图 5-15

（3）新建并编辑触摸事件脚本"TouchEvent"，代码如下：

```
cc.Class({
    extends: cc.Component,
    move:function(event){
        var touches = event.getTouches();
        var touchPos = touches[0].getLocation();
        var touchStartPos = touches[0].getStartLocation();
        var detlaPos = cc.v2(touchPos.x-touchStartPos.x,touchPos.y-touch
                        StartPos.y);
        this.node.setPosition(this.startPos.add(detlaPos));
    },
    onLoad: function () {
        this.node.on(cc.Node.EventType.TOUCH_START,function(event){
            this.startPos = this.node.position;
            this.node.on(cc.Node.EventType.TOUCH_MOVE,this.move,this);
        },this);
        this.node.on(cc.Node.EventType.TOUCH_END,function(event){
            this.node.off(cc.Node.EventType.TOUCH_MOVE,this.move,this);
        },this);
        this.node.on(cc.Node.EventType.TOUCH_CANCEL,function(event){
            this.node.off(cc.Node.EventType.TOUCH_MOVE,this.move,this);
        },this);
    },
});
```

这里为了避免上文中鼠标拖曳出现偏差，采用了整体偏移量方式。代码第 12 行，在触摸开始的时候记录了节点起始位置即"this.startPos"。代码第 6 行，在触摸拖曳移动时调用触摸 API "getStartLocation"获取触摸开始时的位置。代码第 7 行，通过当前触摸位置与触摸开始时位置的偏差，通过节点原始位置，计算节点移动到的位置。这种方法虽然代码稍多一些，但效果更加理想，不会出现高速移动错位的问题。

> **注意** 由于触摸事件也是只在监听节点范围内生效，所以不需要代码判断是否触摸到了节点，或者触摸到哪个节点。
>
> 代码第 18 行，为了避免特殊情况的错误发生，在触摸取消时做了类似触摸结束的操作。

（4）将脚本"TouchEvent"分别添加至 A、B、C 3 个节点，并运行预览，尝试拖曳方块，如图 5-16 所示。

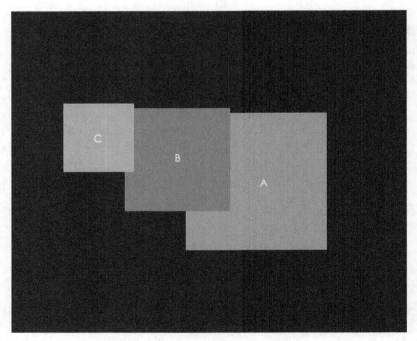

图 5-16

当测试单纯触摸拖曳红色"A"（不碰到蓝色和绿色）时，符合需求，A、B、C 一起移动。但是当测试拖曳绿色 C 时，特别是下方重叠着 B 和 A 的情况，效果变得不可捉摸。其实这是因为事件冒泡导致的，A、B、C 均会收到触摸事件并响应，但是子节点在自己移动的同时还受父节点移动影响，导致 B 和 C 的移动被放大了。所以需要做的是阻断事件冒泡。

（5）修改脚本"TouchEvent"，基于例子的代码结构，所有触摸响应都基于触摸开始。所以只在触摸开始的部分加入停止冒泡即可。整体代码如下：

```
cc.Class({
    extends: cc.Component,
    move:function(event){
        var touches = event.getTouches();
        var touchPos = touches[0].getLocation();
        var touchStartPos = touches[0].getStartLocation();
        var detlaPos = cc.v2(touchPos.x-touchStartPos.x,touchPos. y-touch
                        StartPos.y);
        this.node.setPosition(this.startPos.add(detlaPos));
    },
    onLoad: function () {
        this.node.on(cc.Node.EventType.TOUCH_START,function(event){
            this.startPos = this.node.position;
            this.node.on(cc.Node.EventType.TOUCH_MOVE,this.move,this);
            event.stopPropagation();
        },this);
        this.node.on(cc.Node.EventType.TOUCH_END,function(event){
            this.node.off(cc.Node.EventType.TOUCH_MOVE,this.move,this);
        },this);
        this.node.on(cc.Node.EventType.TOUCH_CANCEL,function(event){
            this.node.off(cc.Node.EventType.TOUCH_MOVE,this.move,this);
        },this);
    },
});
```

代码第 14 行，当触摸已经开始被上层响应时阻止触摸事件进一步冒泡传递。

（6）保存、编译，运行预览，测试拖曳各个层级的方块。此时会完全符合需求。

（7）小结：上述案例展示了常用的触摸事件，触摸开始、触摸移动、触摸结束和触摸取消，以及常用对应处理方式。

5.3 全局系统事件

全局系统事件是指与节点树不相关的各种全局事件，由 cc.systemEvent 来统一派发，目前支持键盘事件、设备重力传感事件等。

5.3.1　输入事件

键盘和设备重力传感器等全局事件不在 cc.Node 中注册，而是通过函数 cc.system Event.on 注册的。其 API 如下：

on (type,　callback,　[target],　[useCapture =false])

参数见表 5-9。

表 5-9

名称	类型	描述
type	String	监听事件类型，和发射事件类型对应。注意用户自定义事件类型不要和其他事件重复
callback	Function	事件发生后的回调函数，如果同一事件类型回调重复将被忽略（回调是独一无二的）
Target（可选参数）	Object	调用回调的目标，可以是 null 值
useCapture（可选参数）	Boolean	捕获模式开关

上表中 type 参数可取值对象见表 5-10。

表 5-10

枚举对象定义	对应的事件名	事件触发的时机
cc.SystemEvent.EventType.KEY_DOWN	'keydown'	键盘按下时
cc.SystemEvent.EventType.KEY_UP	'keyup'	键盘释放时
cc.SystemEvent.EventType.DEVICEMOTION	'devicemotion'	设备重力传感时

其他参数、返回值和用法均和一般事件一致。对应的取消监听接口"off"除调用主体不同，其他部分同一般事件一致。

5.3.2　键盘事件

键盘事件（cc.Event.EventKeyboard）和鼠标事件类似，有自己独特的接口。主要 API 见表 5-11（除 cc.Event 标准事件 API 以外）。

表 5-11

API 名	类型	意义
keyCode	cc.KEY	被按下或抬起的按键

其中 cc.KEY 是一个枚举类型，其中主要的枚举内容见表 5-12。

表 5-12

cc.KEY 枚举名称	对应按键
none	没有分配
back	返回键
menu	菜单键
backspace	退格键
tab	Tab 键
enter	回车键
shift	Shift 键
ctrl	Ctrl 键
alt	Alt 键
pause	暂停键
capslock	大写锁定键
escape	Esc 键
space	空格键
pageup	向上翻页键
pagedown	向下翻页键
end	结束键
home	主菜单键
left	向左箭头键
up	向上箭头键
right	向右箭头键
down	向下箭头键
select	Select 键
insert	插入键
Delete	删除键
a 至 z	A 至 Z 键
num0 至 num9	数字键盘 0 至数字键盘 9
'*'	数字键盘*
'+'	数字键盘+

续表

cc.KEY 枚举名称	对应按键
'-'	数字键盘-
numdel	数字键盘删除键
/	数字键盘/
f1 至 f12	F1 功能键至 F12 功能键
numlock	数字锁定键
scrolllock	滚动锁定键
';'	分号键
semicolon	分号键
equal	等于号键
'='	等于号键
','	逗号键
comma	逗号键
dash	中划线键
'.'	句号键
period	句号键
forwardslash	正斜杠键
grave	按键`
'['	按键[
openbracket	按键[
backslash	反斜杠键
']'	按键]
closebracket	按键]
quote	单引号键
dpadLeft	导航键向左
dpadRight	导航键向右
dpadUp	导航键向上
dpadDown	导航键向下
dpadCenter	导航键确定键

键盘事件案例

键盘事件是桌面平台的主要用户输入事件之一，但移动平台极少用到键盘事件，移动平台的虚拟键盘也并不是常规游戏操作方式。

此案例做一个简单的键盘事件体验，要求在屏幕中央放置一个节点，初始以一定速度向右移动，通过键盘按键"A"或者方向键"←"，节点向左移动；通过键盘按键"D"或者方向键"→"，节点向右移动。

（1）建立并打开键盘事件场景"KeyboardScene"。

（2）在场景中建立一个新节点，"创建节点"→"创建渲染节点"→"Sprite（单色）"，并改名为"Target"，为了能识别左右，再建立一个单色 Sprite 为 Target 的子节点，并调整大小为 50 像素×50 像素，颜色为红色，放置在 Target 的左侧，命名为"head"，代表目标的面朝方向。效果如图 5-17 所示。

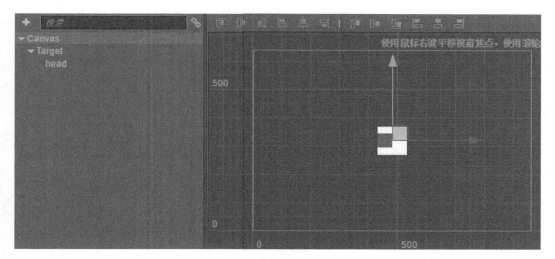

图 5-17

（3）新建并编辑键盘事件脚本"KeyboardEvent"，代码如下。

```
cc.Class({
    extends: cc.Component,

    properties: {
        target:cc.Node,
    },

    // use this for initialization
```

```
onLoad () {
    // set initial move direction
    this.turnRight();

    //add keyboard input listener to call turnLeft and turnRight
    cc.systemEvent.on(cc.SystemEvent.EventType.KEY_DOWN, this.onKeyDown, this);
},

onDestroy () {
    cc.systemEvent.off(cc.SystemEvent.EventType.KEY_DOWN, this.onKeyDown, this);
},

onKeyDown (event) {
    switch(event.keyCode) {
        case cc.KEY.a:
        case cc.KEY.left:
            cc.log('turn left');
            this.turnLeft();
            break;
        case cc.KEY.d:
        case cc.KEY.right:
            cc.log('turn right');
            this.turnRight();
            break;
        default:
            break;
    }
},

// called every frame
update (dt) {
    this.target.x += this.speed * dt;
},

turnLeft () {
    this.speed = -100;
    this.target.scaleX = 1;
},

turnRight () {
    this.speed = 100;
```

```
        this.target.scaleX = -1;
    }
});
```

代码第 21 行至第 36 行，通过键盘监听，在收到指定按键事件时做出指定动作。这里和其他游戏引擎区别，没有针对键盘按住事件做出处理，通常情况认为，按下事件和抬起事件中间时间均为按下持续时间，可自行书写代码处理。

代码第 43 行至第 51 行，给组件成员变量"this.speed"和"this.target.scaleX"赋值，代码 39 行至 41 行，在 update 中根据 speed 进行移动，完成需求所述的左右移动。

（4）在"Canvas"节点添加组件脚本"KeyboardEvent"，并把组件对应 Target 属性赋值为"Target"节点，如图 5-18 所示。

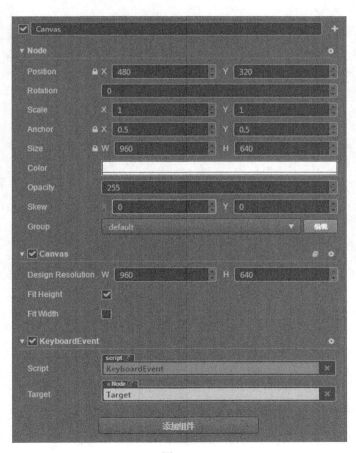

图 5-18

（5）编译、运行并查看预览结果，默认目标节点向右运动，键盘按 A、D 或者 ←、→ 键均能改变运动方向和目标节点朝向。注意，需要网页中的 Cocos 部分处于激活状态才能正确收到用户输入事件，如果按键盘没有效果，则需要用鼠标点击 Cocos 框内任意位置以激活状态，如图 5-19 所示。

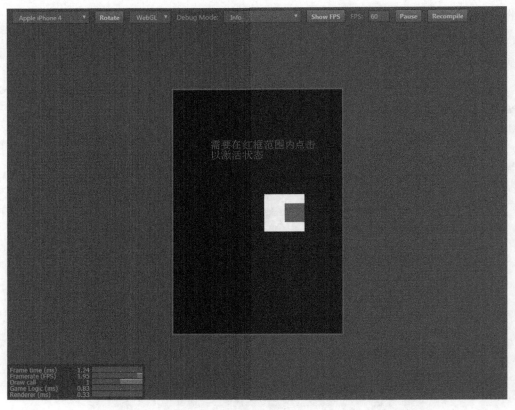

图 5-19

（6）小结：上述案例展示了键盘的常见操作，按键按下、按键抬起以及常见问题的对应处理方法。

5.3.3　设备重力传感事件

此类事件只能在移动平台测试和使用，桌面平台无法模拟。

设备重力传感事件和鼠标事件类似，有自己独特的接口。重要 API 见表 5-13（除 cc.Event 标准事件 API 以外）：

表 5-13

API 名	类型	意义
Acc	Object	加速度对象，对象包含 X 和 Y 属性

5.3.4　设备重力传感事件案例

由于此特性在桌面平台不能测试，所以这里只给出范例代码，具体运行效果，参见第 10 章。

```
cc.Class({
    extends: cc.Component,

    properties: {
        speed: 200,
        target: cc.Node,
        _time: 0,
        _range: cc.p(0, 0),
        _acc: cc.p(0, 0)
    },

    onLoad () {
        var screenSize = cc.view.getVisibleSize();
        this._range.x = screenSize.width / 2 - this.target.width / 2;
        this._range.y = screenSize.height / 2 - this.target.height / 2;
        cc.inputManager.setAccelerometerEnabled(true);
        cc.systemEvent.on(cc.SystemEvent.EventType.DEVICEMOTION, this.onDevice
MotionEvent, this);
    },

    destroy () {
        cc.inputManager.setAccelerometerEnabled(false);
        cc.systemEvent.off(cc.SystemEvent.EventType.DEVICEMOTION, this.onDevice
MotionEvent, this);
    },

    onDeviceMotionEvent (event) {
        this._acc.x = event.acc.x;
        this._acc.y = event.acc.y;
    },

    update (dt) {
        var target = this.target, range = this._range;
```

```
    this._time += 5;
    target.x += this._acc.x * dt * (this.speed + this._time);
    target.x = cc.clampf(target.x, -range.x, range.x);
    target.y += this._acc.y * dt * (this.speed + this._time);
    target.y = cc.clampf(target.y, -range.y, range.y);

    if (target.x <= -range.x || target.x >= range.x ||
    target.y <= -range.y || target.y >= range.y) {
        this._time = 0;
    }
    }
});
```

上述代码利用监听重力感应变化，修改组件成员变量 "this._acc.x" 和 "this._acc.y"（代码第 30 行至 42 行），与 update 中的位移代码配合，形成设备重力感应控制。

5.4　小结

通过本章，读者可以了解 Cocos Creator 中事件的机制，以及常用桌面平台和移动平台的多种用户输入方式和输入处理，包括鼠标事件、触摸事件、键盘事件和设备重力感应事件等。

第 6 章
GUI 系统

使用 Cocos Creator 引擎在开发游戏过程中，经常需要搭建一些图形用户界面，英文缩写为"GUI"。人机交互界面开发需要获取用户输入，比如"按钮""滚动条"或"文字输入框"等，Cocos Creator 为此提供了很多官方组件。

本章将介绍 Cocos Creator 中强大而灵活的 GUI 系统，包括通过组合不同用户界面组件，来制作能够适配多种分辨率屏幕的、通过数据动态生成和更新显示内容的和支持多种排版布局方式的用户界面。

本章包括以下能够帮助读者以最快速度上手的教程内容：

- 画布与多分辨率适配；
- Widget 与用户界面摆放和对齐；
- 制作可任意拉伸的用户界面图像；
- 其他常见组件参考。

6.1 画布与多分辨率适配

6.1.1 画布组件参考

画布（Canvas）是 Cocos Creator 新建空场景中自带的一个节点组件，并且该节点被命名为"Canvas"。该组件能够获得设备屏幕或浏览器有效区域的分辨率，并对场景中所有渲染元素进行适当的缩放。场景中拥有的画布组件同时只能有一个，建议所有用户界面和渲染元素都设置为画布节点的子节点。

在属性检查器中"Canvas"组件如图 6-1 所示。

图 6-1

画布主要属性如表 6-1 所示。

表 6-1

选项	说明
Design Resolution	设计分辨率，内容生产者在制作场景时使用的分辨率蓝本
Fit Height	适配高度，设计分辨率的高度自动撑满屏幕高度
Fit Width	适配宽度，设计分辨率的宽度自动撑满屏幕宽度

　　其中设计分辨率为开发时画布实际分辨率，当运行设备和设计分辨率不一致时，画布会根据适配方式（适配高度或者适配宽度）进行缩放，具体详见本节后半部分。因为画布会自动缩放，所以在画布节点的节点属性中位置、锚点和尺寸是不能修改的，只能通过修改画布组件的设计分辨率属性来改变画布大小。位置必须在屏幕正中心，并且锚点也必须是(0.5, 0.5)，否则适配不同屏幕时坐标会有偏差。如图 6-2 所示。

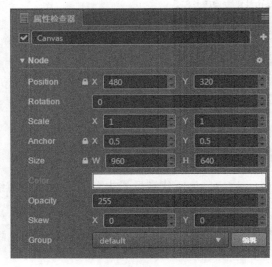

图 6-2

在编辑场景时，画布节点的尺寸属性要和设计分辨率保持一致，不能手动更改。位置属性会保持在屏幕的中心。

由于锚点属性的默认值会设置为(0.5, 0.5)，画布会保持在屏幕中心位置，并且画布的子节点会以屏幕中心作为坐标系原点，这一点和 Cocos 引擎中以屏幕左下角为原点的习惯不同，请格外注意。

6.1.2　设计分辨率和屏幕分辨率

理解和使用画布组件功能进行多分辨率之前，先理解两个新概念：设计分辨率与屏幕分辨率。

- 设计分辨率：是内容生产者在制作场景时使用的分辨率蓝本，在 Cocos Creator 场景编辑器中看到的各种尺寸和效果都是根据设计分辨率来锚定的。

- 屏幕分辨率：是游戏在设备上运行时的实际屏幕显示分辨率。一般和设备硬件本身或运行设备设置分辨率有关。如果是网页平台，则和硬件分辨率与浏览器窗口大小有关。

通常情况下设计分辨率会采用市场目标群体中使用率最高的设备的屏幕分辨率，比如目前 Android 设备中 1920 像素×1080 像素和 1280 像素×720 像素两种屏幕分辨率，或 iOS 设备中 1920 像素×1080 像素（iPhone 6plus）和 1134 像素×750 像素（iPhone 6）两种屏幕分辨率；另外，智能手表一般分辨率为 312 像素×390 像素。这样当美术人员或策划人员使用设计分辨率设置好场景后，就可以无缩放高保真地展示给主要目标人群，并自动适配其他分辨率用户。

6.1.3　设计分辨率和屏幕分辨率宽高比相同

那么当设计分辨率和屏幕分辨率出现差异，并且设计分辨率和屏幕分辨率宽高比相同时，Cocos Creator 会按照等比缩放方式进行适配。

假设设计分辨率为 800 像素×480 像素，美术人员制作了一个同样分辨率大小的背景图像。如图 6-3 所示。

如果屏幕分辨率为 1600 像素×960 像素，即宽高比和设计分辨率一致：1600/960=800/480 像素。画布会将画布和画布内所有子节点放大两倍（长和宽都是两倍），并保障画布在屏幕正中心。所有适配方式效果一致。

注意　Web 平台屏幕分辨率还和浏览器窗口打开大小有关，而在测试过程中，调试窗口可以强行模拟各种分辨率以便测试，如图 6-4 所示。

图 6-3

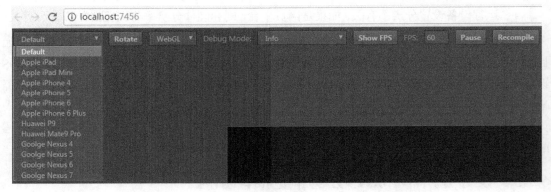

图 6-4

6.1.4 设计分辨率宽高比不等于屏幕分辨率

如果屏幕分辨率是 1024 像素×768 像素，那么宽高比为 1024/768，小于设计分辨率宽高比 800/480。如果对画面进行宽高不等比缩放会导致画面比例失调，效果较差。为了保障画布内所有节点宽高比不变，需要按照宽或者高的比例进行整体缩放。

- 宽度匹配模式：勾选 Fit Width 选项时为宽度匹配模式，即按照屏幕宽度适配，那么缩放比例为 1024/800=1.28。即画布放大 1.28 倍，则高度将被放大至 480×1.28≈614 像素，小于实际设备分辨率的 768 像素。效果将会是屏幕上下两边会有黑边，或原本在画布范围外的内容。

- 高度匹配模式：勾选 Fit Height 选项时为高度匹配模式，即按照屏幕宽度适配，那么缩放比例为 768/480=1.6。即画布放大 1.6 倍，则宽度将被放大至 800×1.6= 1280 像素，大于实际设备的分辨率 1024 像素。效果将会是屏幕左右两边会有部分内容显示不齐。在图 6-5 中右侧方框表示设备屏幕可见区域。

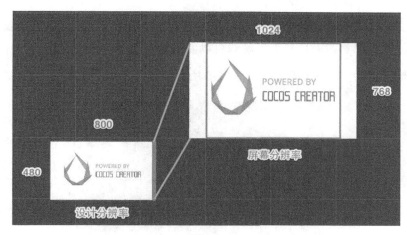

图 6-5

虽然屏幕两边会裁剪掉一部分背景图，但能够保证屏幕可见区域内不出现任何穿帮或黑边。之后可以通过 Widget（对齐挂件）调整用户界面元素的位置，来保证用户界面元素出现在屏幕可见区域里，在 6.2 节部分将会详细介绍。

6.1.5　其他选择

当 Fit Height 与 Fit Width 两个选项都被勾选时，适配将变为"ResolutionPolicy. SHOW_ALL"模式，即上下左右都将没有黑边，并通过缩放尽量填充满画面，在屏幕分辨率与设计分辨率不一致时，会出现图像变形拉伸。效果不佳，Cocos Creator 不推荐如此做。

当 Fit Height 与 Fit Width 两个选项不被勾选时适配将变为"ResolutionPolicy.NO_BORDER"模式，这时会根据屏幕宽高比自动选择适配高度或适配宽度来避免黑边。但是注意需要通过 Widget（对齐挂件）调整用户界面元素的位置，来保证用户界面元素出现在屏幕可见区域里。

6.2　Widget 与用户界面摆放和对齐

实现完美的多分辨率适配效果，特别是无黑边模式或类似画布内有部分内容会超出屏幕范围时，用户界面元素按照设计分辨率中规定的位置呈现是不够的，当屏幕宽度和高度发生变化时，用户界面元素要能够智能感知屏幕边界的位置，才能保证出现在屏幕可见范围内，并且分布在合适的位置。Cocos Creator 提供 Widget（对齐挂件）来实现这种效果。

6.2.1　Widget 组件参考

Widget 是一个很常用的用户界面布局挂件。它能使当前节点自动对齐到父节点或其他节点的任意位置，或者约束尺寸，使游戏可以方便地适配不同的分辨率。

在属性检查器中"Widget"组件如图 6-6 所示。

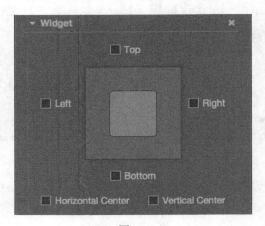

图 6-6

界面中主要选项的说明见表 6-2。

表 6-2

选项	说明	备注
Top	对齐上边界	选中后，将在旁边显示一个输入框，用于设定当前节点的上边界和对齐目标的上边界之间的距离
Bottom	对齐下边界	选中后，将在旁边显示一个输入框，用于设定当前节点的下边界和对齐目标的下边界之间的距离
Left	对齐左边界	选中后，将在旁边显示一个输入框，用于设定当前节点的左边界和对齐目标的左边界之间的距离

续表

选项	说明	备注
Right	对齐右边界	选中后，将在旁边显示一个输入框，用于设定当前节点的右边界和对齐目标的右边界之间的距离
HorizontalCenter	水平方向居中	
VerticalCenter	竖直方向居中	
Target	对齐目标	指定对齐参照的节点，当这里未指定目标时会直接使用父级节点作为对齐目标
AlignOnce	默认为 true，是仅在组件初始化时进行一次对齐，设为 false 时，每帧都会对当前 Widget 组件执行对齐逻辑	对性能造成较大损耗的同时，还会影响 UI 动画以及其他组件对 UI 位置的改变

对齐边界案例

在 "Canvas" 节点下面放置一个精灵节点，并为他添加 "Widget 挂件"。添加挂件→添加 UI 挂件→Widget，然后针对如下一些要求完成对应操作。

（1）要求左对齐并左边界距离 100 像素。勾选 "Left" 并在对应输入框中输入 "100" 并回车，结果如图 6-7 所示。

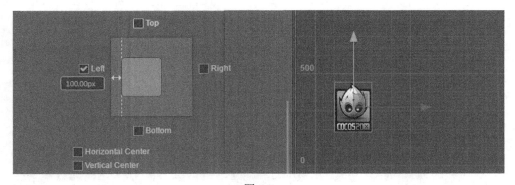

图 6-7

（2）要求下对齐下边界距离 15%。勾选 "Bottom" 并在对应输入框中输入 "15%" 并回车，结果如图 6-8 所示。

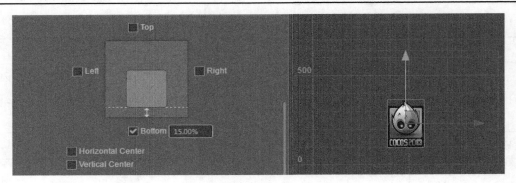

图 6-8

（3）要求右下对齐并与边界距离为 0。勾选"Bottom"并在对应输入框中输入"0%"之后回车，勾选 Right 并在对应输入框中输入"0"之后回车，结果如图 6-9 所示。

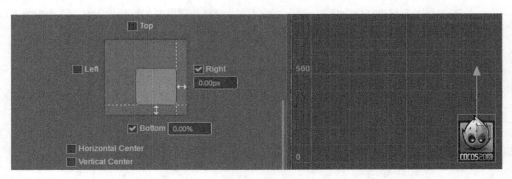

图 6-9

（4）要求居中对齐并靠下，距边界距离为 0。勾选"Bottom"并在对应输入框中输入"0%"之后回车，勾选"Horizontal Center"，结果如图 6-10 所示。

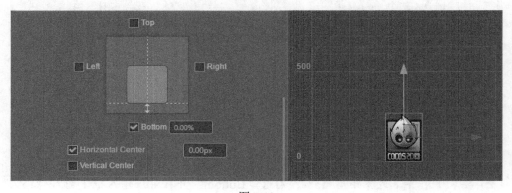

图 6-10

（5）要求水平居中偏高 100 像素。勾选 "Vertical Center" 并在对应输入框中输入 "100" 之后回车，结果如图 6-11 所示。

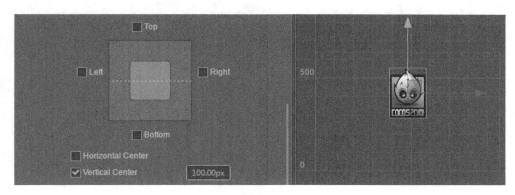

图 6-11

约束尺寸案例

如果 "Left" 与 "Right" 同时勾选，或者 "Top" 与 "Bottom" 同时勾选，那么在相应方向上的尺寸就会被拉伸。

（1）首先在场景中放置一个纯红色节点 "BG"，Size 设置为 500 像素 × 500 像素（比 Cocos 图标大，但是比画布小）。再给其添加子节点 "Cocos" 小图（素材来自 "Hello，World" 项目），如图 6-12 所示。

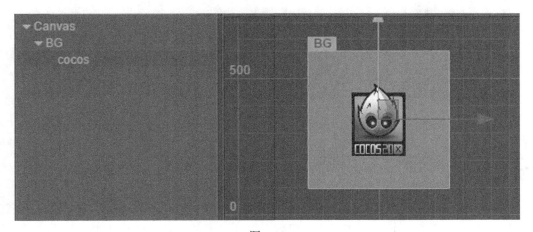

图 6-12

（2）宽度拉伸并左右距离屏幕边缘均为 10%。这里指的 10%，为参照节点的宽度的 10%，在没设 "Target" 的情况下默认为父节点，即 "BG"。同时勾选 "Left" 与 "Right"，并在对应输入框输入"10%"。如图 6-13 所示。

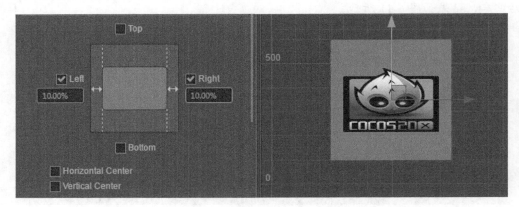

图 6-13

（3）高度拉伸，上下边距 0 并同时水平居中。同时勾选"Top"与"Bottom"，并在对应输入框输入"0"。勾选"Horizontal Center"。如图 6-14 所示。

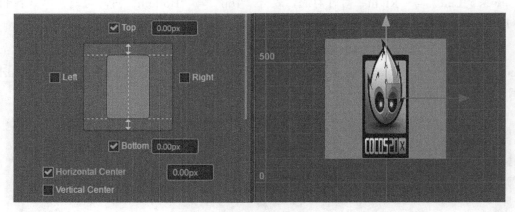

图 6-14

6.3　制作可任意拉伸的用户界面图像

Cocos Creator 的用户界面系统核心的设计原则是能够自动适应各种不同的设备屏幕尺寸，因此在制作用户界面时需要正确设置每个组件元素的尺寸，并且让组件元素能够根据设备屏幕的尺寸进行尽量不损失画质的拉伸适配。

九宫格是游戏引擎和应用制作引擎中最常用的 UI 拉伸方案。

Cocos Creator 的九宫格

有两种方式可以打开精灵编辑器来编辑图像资源。

在资源管理器中选中图像资源，然后点击属性检查器最下面的编辑按钮。如果窗口高度不够，可能需要向下滚动属性检查器才能看到下面的按钮。如图 6-15 所示。

图 6-15

或在场景编辑器中选中想要九宫格化的图像节点，然后在属性检查器的"Sprite"组件里，找到并按下"Sprite Frame"属性右侧的编辑按钮。如图 6-16 所示。

图 6-16

打开精灵编辑器以后，可以发现图像周围有一圈绿色的线条，表示当前九宫格分割线的位置。将鼠标移动到分割线上，可以看到光标形状改变为拖曳分割线样式，这时候就可以按下并拖曳鼠标光标来更改分割线的位置。

分别拖动上下左右 4 条分割线，或直接修改右下 4 个输入框数值，将图像切分成 9 个部分，当 9 个区域精灵的尺寸变化时会应用不同的缩放策略，如图 6-17 所示。

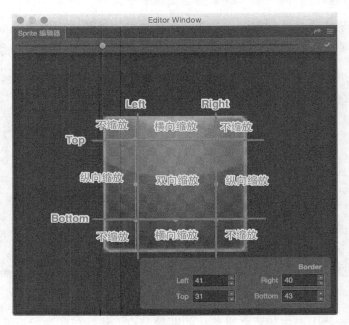

图 6-17

不同缩放区域的缩放示意图，如图 6-18 所示。

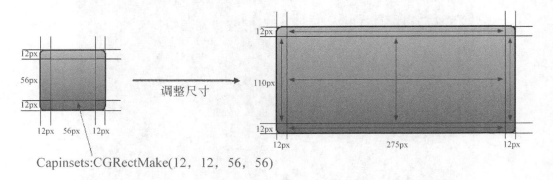

图 6-18

使用九宫格格式的图像来渲染这些节点，可以实现合适的资源在较好的九宫格切割后，有较好的拉伸效果。可以用很小的原始图片生成覆盖整个屏幕的背景图像，既节约游戏包体空间，又能够灵活适配不同的排版需要。

九宫格案例

（1）建立一个新项目，选择"Hello World"模板，选用这个模板的原因是需要里面的资源素材。

（2）新建场景"NineScene"，并打开。在场景中用"HelloWorld"图片制作一个精灵，重命名为"Cocos"，如图 6-19 所示。

图 6-19

（3）点击"属性检查器"中"Sprite Frame"右侧的"编辑"按钮，并把九宫格设置成如图 6-20 所示样子。

图 6-20

左右各取了 15 像素，上面取 210，下面取 59。原图高度为 270，这样中间取出 1 像素为缩放空间。记得点击右上角的 ▾ 按钮。

（4）把 "Cocos" 的 "Size" 属性中的 "H" 属性由原来的 270 改为 470，效果如图 6-21 所示。

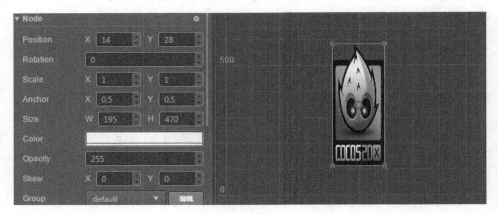

图 6-21

这是一个破坏长宽比的缩放，屏幕中的 "Cocos" 精灵被拉长了。这种拉伸效果在游戏中一般不允许出现。

（5）把 "Cocos" 节点的 "Sprite" 组件的 "Type" 改为 "SLICED" 方式，如图 6-22 所示。

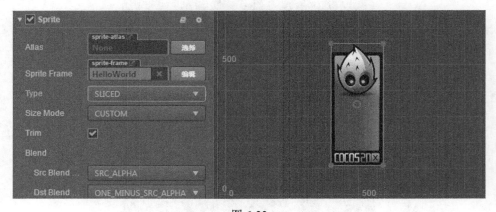

图 6-22

（6）小结：上述案例展示了九宫格的基本用法与效果。

6.4　Button

Button（按钮）组件是用户界面中最常用的用户输入组件之一。当鼠标指针或手指点击、抬起或经过 Button 时，Button 自身会有状态变化，可以呈现不同表现形式。Button 可以在用户在完成点击操作后回调一个自定义的行为。

6.4.1　Button 组件参考

在属性检查器中"Button"组件如图 6-23 所示。

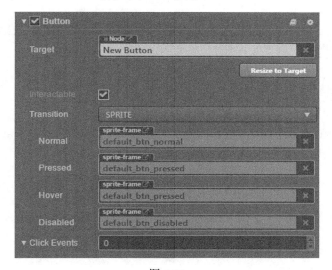

图 6-23

界面中主要属性如表 6-3 所示。

表 6-3

属性	类型	功能说明
Target	cc.Node	当 Button 发生 Transition 的时候，会相应地修改 Target 节点的 SpriteFrame、Color 或者 Scale
interactable	Boolean	设为 false 时，则 Button 组件进入禁止点击状态
Transition	枚举类型，包括 NONE、COLOR、SPRITE 和 SCALE	每种类型对应不同的 Transition 设置
Click Event	List	默认为空，用户添加的每一个事件由节点引用，组件名称和一个响应函数组成。详见 6.4.2 节

表 6-3 中 Transition，为了让用户界面体验更好，通常情况下会为用户界面加入操作反馈效果，即当用户在对组件操作时，组件给出一定的表现，让用户能够更清楚地体会到自己操作成功。

Cocos Creator 中为 Button 组件针对用户不同操作指定了 4 种状态，如表 6-4 所示。

表 6-4

状态名称	描述
Normal	正常可点击状态
Pressed	按下状态（未抬起）
Hover	悬停状态，桌面平台，鼠标经过或悬停时的状态
Disabled	不可点击状态

Button 的 Transition 是用来指定 Button 不同状态时的不同表现策略。目前主要有 NONE、COLOR、SPRITE 和 SCALE。

Color Transition：在不同状态改变 Button 的颜色至指定颜色，当"Transition"选中"Color Transition"时，如图 6-24 所示。

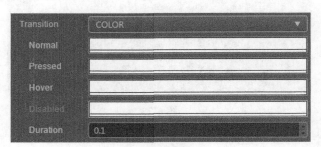

图 6-24

界面中主要属性如表 6-5 所示。

表 6-5

属性	功能说明
Normal	Button 在 Normal 状态下的颜色
Pressed	Button 在 Pressed 状态下的颜色
Hover	Button 在 Hover 状态下的颜色
Disabled	Button 在 Disabled 状态下的颜色
Duration	Button 状态切换需要的时间间隔

Sprite Transition：在不同状态改变 Button 的外形至指定 Sprite Frame（图像），这也是游戏中表现力最强并最常用的方式，不同状态可以用同一个图像素材，当"Transition"选中"Sprite Transition"时，如图 6-25 所示。

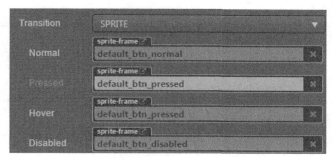

图 6-25

界面中主要属性如表 6-6 所示。

表 6-6

属性	功能说明
Normal	Button 在 Normal 状态下的 SpriteFrame
Pressed	Button 在 Pressed 状态下的 SpriteFrame
Hover	Button 在 Hover 状态下的 SpriteFrame
Disabled	Button 在 Disabled 状态下的 SpriteFrame

Scale Transition：在不同状态改变 Button 的 Scale（缩放）。由于触屏手指能够挡住部分屏幕和按钮，使得传统改变颜色和改变图像方式并不理想，所以缩放也成为了触屏常用用户反馈方式之一，当"Transition"选中"Scale Transition"时，如图 6-26 所示。

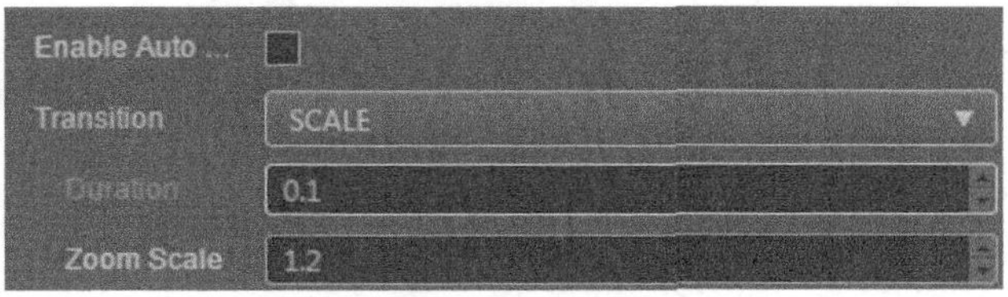

图 6-26

界面中主要属性如表 6-7 所示。

表 6-7

属性	功能说明
enableAutoGrayEffect	布尔类型，当设置为 true 的时候，如果 Button 的 interactable 属性为 false，则 Button 的 Sprite Target 会使用内置 Shader 变灰
Duration	Button 状态切换需要的时间间隔
ZoomScale	当用户点击按钮后，按钮会缩放到一个值，这个值等于 Button 原始 Scale× zoomScale,zoomScale 可以为负数

6.4.2　Button 事件

Button 组件会响应点击事件（点击后释放 Button，Touch up inside 才会生效），并可以在受到点击后调用一个或多个自定义回调。

Cocos Creator 提供了多种方式为组件添加自定义回调。

属性检查器方式（编辑器方式）：Button 组件属性检查器界面的最下方是事件回调界面，如图 6-27 所示。

图 6-27

界面主要参数如表 6-8 所示。

表 6-8

属性	功能说明
Clicked Events	点击事件回调数量。修改后下方会有对应可填写条目出现
Target	带有脚本组件的节点
Component	脚本组件名称
Handler	指定一个回调函数，当用户点击 Button 并释放时会触发此函数
CustomEventData	用户指定任意的字符串作为事件回调的最后一个参数传入

注意 回调函数有两个参数，第一个是事件（点击事件），第二个是用户传入数据。这两个参数都可以省略（即函数中不作处理）。

回调函数没有返回值。

代码添加回调方式：首先构造一个 **cc.Component.EventHandler** 对象，然后设置好对应的 Target、Component、Handler 和 CustomEventData 参数。具体详见本章内 Button 案例 2。

注意 Cocos Creator GUI 组件中所有的类似事件自定义回调都可用以上两种方式添加。

Button 案例 1

用编辑器与代码协作的方式创建一个按钮并实现按钮被点击后输出制订内容的功能。

（1）打开场景（如果没有则需要新建并打开）"ButtonScene"。在 "Canvas" 节点下新建 "Button 节点组件"，并重命名为 "Button"。

（2）新建并编写脚本 "ButtonScript"，代码如下：

```
cc.Class({
    extends: cc.Component,
    didButtonClicked:function(event,arg){
        cc.log("didButtonClicked:"+arg);
    }
});
```

代码第 3 行至第 5 行，声明了一个名为 "didButtonClicked" 的函数，并在此函数被调用时把函数名和第二个参数以日志的形式输出到串口。

（3）新建一个空节点，重命名为 "ScriptNode"，并添加 "ButtonScript" 脚本。如图 6-28 所示。

（4）Button 组件事件部分 "Click Event" 填入 1。在事件中把 "ScriptNode" "ButtonScript" "didButtonClicked" 和 "CustomDataHere!" 分别填入 Button 事件的 Target、Component、Handler 和 CustomEventData 中，如图 6-29 所示。

（5）编译并运行预览，点击按钮，查看串口输出，正确的打印出 "didButtonClicked:" 和编辑器中填入的用户数据 "CustomDataHere!"，如图 6-30 所示。

（6）小结：上述案例展示了用编辑器指定特定脚本函数为 Button 的点击事件回调，以及参数传入。

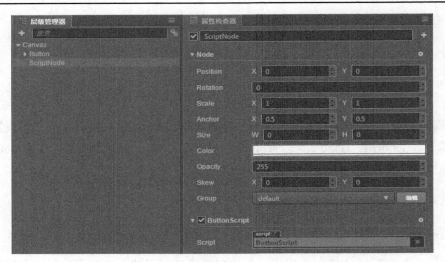

图 6-28

图 6-29

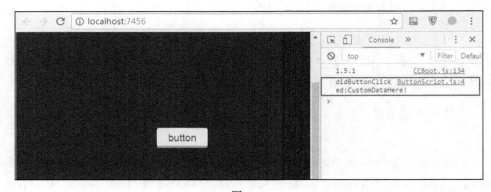

图 6-30

Button 案例 2

用纯代码协作的方式创建一个按钮并实现按钮被点击后输出制订内容的功能。

（1）打开场景（如果没有则需要新建并打开）"ButtonScene"。在"Canvas"节点下新建"Button 组件"，并重命名为"Button"。

（2）新建并编写脚本 "ButtonScript"，代码如下。

```
cc.Class({
    extends: cc.Component,
    properties: {
        button:cc.Button,
    },
    onLoad: function () {
        var clickEventHandler = new cc.Component.EventHandler();
        clickEventHandler.target = this.node; //这个node节点是事件处理代码组
                                              件所属的节点
        clickEventHandler.component = "ButtonScript";//这个是代码文件名
        clickEventHandler.handler = "didButtonClicked";
        clickEventHandler.customEventData = "customData2!";

        this.button.clickEvents.push(clickEventHandler);
    },
    didButtonClicked:function(event,arg){
        cc.log("didButtonClicked:"+arg);
    }
});
```

代码第 7 行至第 11 行初始化主要参数，代码第 13 行绑定点击事件回调。效果仍然是按钮被点击输出："didButtonClicked" ＋参数的函数，和上面例子定义的函数 "didButtonClicked" 一致，只不过绑定方式变为用代码。

（3）新建一个空节点，重命名为 "ScriptNode"，并添加 "ButtonScript" 脚本。并把 "Button" 拖曳至组件 "Button" 成员位置，如图 6-31 所示。

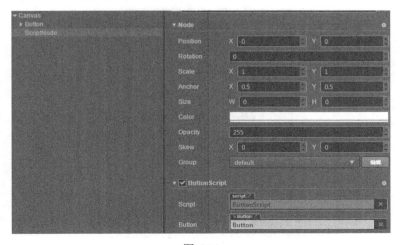

图 6-31

（4）编译并运行预览，点击按钮，查看串口输出，正确地打印出"didButtonClicked:"和编辑器中填入的用户数据"customData2!"，如图 6-32 所示。

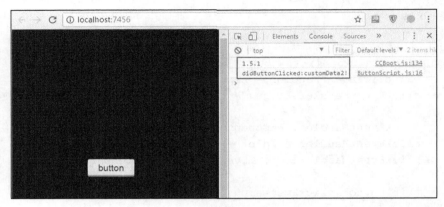

图 6-32

（5）小结：上述案例展示了用过代码指定特定脚本函数为 Button 的点击事件回调，以及参数传入。

6.5　其他常见组件参考

在层级管理窗口中，点击鼠标右键→"创建节点"→"创建 UI 节点"，在此可以直接创建出常见的用户界面组件。如图 6-33 所示。

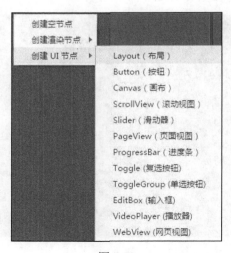

图 6-33

6.5.1　EditBox 组件参考

EditBox（输入框）是一种文本输入组件，是 Cocos Creator 目前提供的唯一用户输入文字的组件。

外观如图 6-34 所示。

属性检查器中如图 6-35 所示。

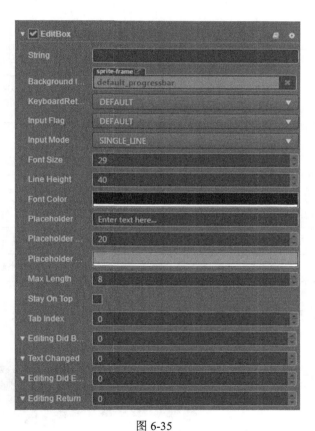

图 6-34　　　　　　　　　　　　　　　　　图 6-35

主要属性说明如表 6-9 所示。

表 6-9

属性	功能说明
String	输入框的初始输入内容，如果为空则会显示占位符的文本
Background Image	输入框的背景图片

续表

属性	功能说明
Keyboard Return Type	特指在移动设备上面进行输入的时候，弹出的虚拟键盘上面的回车键样式
Input Flag	指定输入标识：可以指定输入方式为密码或者单词首字母大写
Input Mode	指定输入模式：ANY 表示多行输入，其他都是单行输入，移动平台上还可以指定键盘样式
Font Size	输入框文本的字体大小
StayOnTop	输入框总是可见，并且永远在游戏视图的上面
TabIndex	修改 DOM 输入元素的 TabIndex，这个属性只有在网页平台上面修改有意义
Line Height	输入框文本的行高
Font Color	输入框文本的颜色
Placeholder	输入框占位符的文本内容
Placeholder Font Size	输入框占位符的字体大小
Placeholder Font Color	输入框占位符的字体颜色
Max Length	输入框最大允许输入的字符个数

EditBox 支持在用于对其"开始编辑时""输入文字改变时"和"编辑完成时"等事件添加自定义回调。如图 6-36 所示。

图 6-36

Editing Did Began 事件在用户开始输入时触发。

主要参数说明如表 6-10 所示。

- Text Changed 事件。该事件在用户每一次输入的文字变化时被触发。

- Editing Did Ended 事件。该事件在用户输入结束的时候被触发。在单行模式下面，通常是在用户按下回车或者点击屏幕输入框以外的地方触发该事件，如果是多行输入，通常是在用户点击屏幕输入框以外的地方触发该事件。

- Editing Return 事件。该事件在用户按下回车键的时候被触发，如果是单行输入框，按回车键还会使输入框失去焦点。

以上 3 个界面与参数均和"Editing Did Began"相同。

表 6-10

属性	功能说明
Editing Did Began	回调数量，大于 0 时下面会有对应数量回调界面出现
Target	带有脚本组件的节点
Component	脚本组件名称
Handler	指定一个回调函数，当用户正在输入文本的时候会调用该函数
CustomEventData	用户指定任意的字符串作为事件回调的最后一个参数传入

6.5.2 Layout 组件参考

Layout（布局）是一种容器组件，容器拥有自动布局功能，自动按照规范排列所有子物体，并修改自己的尺寸。它非常适合做各种动态生成列表，特别是和滚动视图之类组件配合制作数量动态变化的列表。

Layout 属性检查器中外观如图 6-37 所示。

图 6-37

根据 Type 属性，Layout 分为水平布局容器、垂直布局容器和网格布局容器 3 种。

（1）水平布局容器：子节点水平方向排布，外观如图 6-38 所示。

（2）垂直布局容器：子节点垂直方向排布，外观如图 6-39 所示。

（3）网格布局容器：子节点网格方式排布，外观如图 6-40 所示。

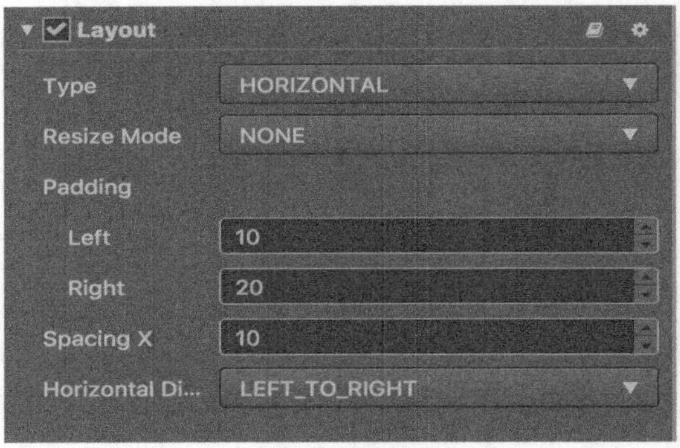

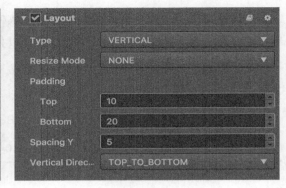

图 6-38   图 6-39

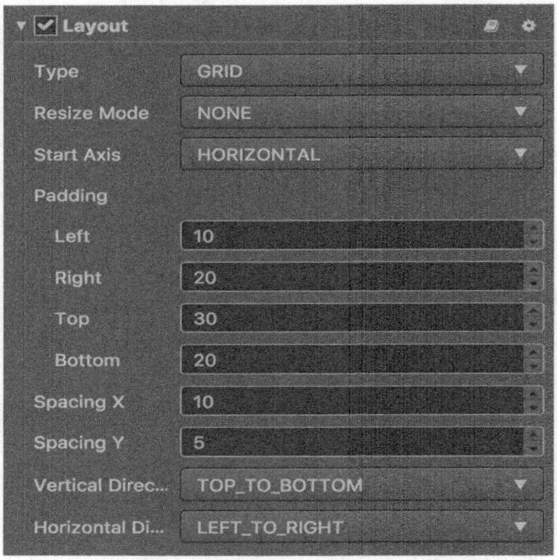

图 6-40

主要属性说明如表 6-11 所示。

表 6-11

属性	功能说明
Type	布局类型，支持 NONE、HORIZONTAL、VERTICAL 和 GRID
ResizeMode	缩放模式 NONE：子物体不影响容器 CHIDREN：子物体大小随容器缩放 CONTAINER：容器大小随子物体缩放

续表

属性	功能说明
PaddingLeft	排版时，子物体相对于容器左边框的距离
PaddingRight	排版时，子物体相对于容器右边框的距离
PaddingTop	排版时，子物体相对于容器上边框的距离
PaddingBottom	排版时，子物体相对于容器下边框的距离
SpacingX	水平排版时，子物体与子物体在水平方向上的间距。NONE 模式无此属性
SpacingY	垂直排版时，子物体与子物体在垂直方向上的间距。NONE 模式无此属性
Horizontal Direction	指定水平排版时，第一个子节点从容器的左边还是右边开始布局。当容器为 Grid 类型时，此属性和 Start Axis 属性一起决定 Grid 布局元素的起始水平排列方向
Vertical Direction	指定垂直排版时，第一个子节点从容器的上面还是下面开始布局。当容器为 Grid 类型时，此属性和 Start Axis 属性一起决定 Grid 布局元素的起始垂直排列方向
Cell Size	此属性只在 Grid 布局时存在，指定网格容器里面排版元素的大小
Start Axis	此属性只在 Grid 布局时存在，指定网格容器里面元素排版指定的起始方向轴

注意　默认的布局类型是"NONE"，它表示容器不会修改子物体的大小和位置，当用户手动摆放子物体时，容器会以能够容纳所有子物体的最小矩形区域作为自身的大小。

"NONE"容器只支持"NONE"和"CONTAINER"两种"ResizeMode"。

6.5.3　ScrollView

ScrollView（滚动视图）是一种带滚动功能的容器，它提供一种在有限的显示区域内浏览更多内容的组件。通常 ScrollView 会与 Mask（去除视图外多余图案遮罩）和 ScrollBar（显示浏览内容的位置的滚动条）组件配合使用。外观如图 6-41 所示。

ScrollView 属性检查器中外观如图 6-42 所示。

主要属性说明见表 6-12。

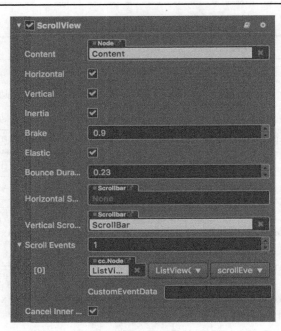

图 6-41　　　　　　　　　　　　　图 6-42

表 6-12

属性	功能说明
content	ScrollView 的可滚动内容，通常这个节点会是个 Layout 节点
Horizontal	是否允许横向滚动
Vertical	是否允许纵向滚动
Inertia	滚动的时候是否有加速度
Brake	滚动之后的减速系数。取值范围是 0～1，如果是 1，则立刻停止滚动；如果是 0，则会一直滚动到 content 的边界
Elastic	是否回弹
Bounce Duration	浮点数，回弹所需要的时间。取值范围是 0～10
Horizontal ScrollBar	滚动条来显示 content 在水平方向上的位置
Vertical ScrollBar	滚动条来显示 content 在垂直方向上的位置
ScrollView Events	事件回调列表
CancelInnerEvents	如果这个属性被设置为 true，那么滚动行为会取消子节点上注册的触摸事件，默认被设置为 true

ScrollView 事件：ScrollView 支持为滚动事件添加自定义回调。如图 6-43 所示。

图 6-43

注意 Scrollview 的事件回调有 3 个参数，第一个参数是 ScrollView 本身（可根据此参数取到偏移量，进行对象池操作或其他回调），第二个参数是 ScrollView 的事件类型，最后一个（如果有）是用户自定义数据（CustomEventData）。

Scrollview 的滚动范围和对应的 ScrollBar 显示都是根据 content 节点的 Size 和 Position 决定的，合理设置 content 的 Size 是 ScrollView 的要点。

6.5.4 ProgressBar

ProgressBar（进度条）经常被用于在游戏中显示某个操作的进度，在节点上添加 ProgressBar 组件，然后给该组件关联一个 Bar Sprite 就可以在场景中控制 Bar Sprite 来显示进度了。外观如图 6-44 所示。

ProgressBar 属性检查器中外观如图 6-45 所示。

图 6-44

图 6-45

主要属性说明如表 6-13 所示。

表 6-13

属性	功能
Bar Sprite	进度条渲染所需要的前景 Sprite 组件
Mode	支持 HORIZONTAL（水平）、VERTICAL（垂直）和 FILLED（填充）3 种模式，可以通过配合 reverse 属性来改变起始方向
Total Length	当进度条为 100% 时 Bar Sprite 的总长度或总宽度。在 FILLED 模式下 Total Length 表示取 Bar Sprite 总显示范围的百分比，取值范围从 0~1
Progress	进度值。浮点，取值范围是 0~1，不允许输入之外的数值
Reverse	布尔值，默认的填充方向是从左至右或从下到上，开启后变成从右到左或从上到下

6.5.5　Toggle 组件参考

Toggle（复选按钮）单独使用时是一个 Check Box，外观如图 6-46 所示。当它和 ToggleGroup 一起使用的时候，可以变成 Radio Button。

Toggle 属性检查器的外观如图 6-47 所示。

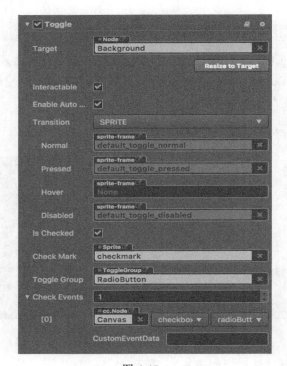

图 6-46　　　　　　　　　　　　图 6-47

主要属性说明如表 6-14 所示。

表 6-14

属性	功能
isChecked	是否处于勾选状态
checkMark	Toggle 处于选中状态时显示的图片
ToggleGroup	Toggle 所属的 ToggleGroup，这个属性是可选的。如果这个属性为 null，则 Toggle 是一个 Check Box；否则，Toggle 是一个 Radio Button
Check Events	勾选事件自定义回调列表

Toggle 事件：当 Toggle 被用户操作改变时，会触发回调。Toggle 的事件回调有两个参数，第一个参数是 Toggle 本身，通过此参数的 isChecked 属性可获得当时状态；第二个参数是 CustomEventData。

6.5.6 ToggleGroup 组件参考

ToggleGroup（单选按钮）不是一个可见的用户界面组件，它可以用来修改一组 Toggle 组件的行为。当一组 Toggle 属于同一个 ToggleGroup 的时，不论何时只能有一个 Toggle 处于选中状态。外形如图 6-48 所示（Cocos Creator 中新建的 ToggleGroup 默认带有 3 个 Toggle）。

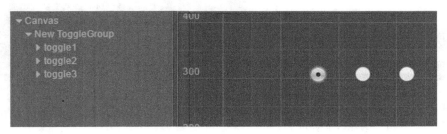

图 6-48

ToggleGroup 属性检查器的外观如图 6-49 所示。

图 6-49

主要属性说明如表 6-15 所示。

表 6-15

属性	功能
allowSwitchOff	是否允许 toggle 按钮的 isChecked 属性在 true 状态被点击的后变为 false 状态

 注意 当 allowSwitchOff 被选中时，有可能里面所有的选项都未被勾选（变为最多选中一个，最少一个都不选的组件）。

6.5.7　Slider 组件参考

Slider（滑动器）是滑动器组件。除了可以和 ProgressBar 一样显示进度与比例，还可以接受用户操作，它是一种方便的限制型数值输入组件。外形如图 6-50 所示。

Slider 属性检查器的外观如图 6-51 所示。

图 6-50

图 6-51

主要属性说明如表 6-16 所示。

表 6-16

属性	功能
handle	滑块按钮节点，要求此节点是 Slider 的子节点
direction	滑动器的方向，分为横向或竖向
progress	当前进度值，该数值的区间是 0 至 1 之间
slideEvents	滑动器事件自定义回调函数列表

Slider 事件：当滑块被拖动，Slider 事件的自定义回调将会被调用。回调有两个参数，第一个参数是 Slider 本身，通过此参数的 progress 属性获取改变后的值；第二个参数是 CustomEventData。主要属性说明见表 6-17。

> **注意**　Slider 的滑动范围只和 Slider 节点本身 Size 有关，Background 子节点只是表现向作用，可以和滑动范围不一致。

6.5.8　PageView 组件参考

PageView（页面视图）是一种页面视图容器。和 Scrollview 很类似，但是只能停留在整页的位置，并且 Cocos Creator 中建立的 PageView 默认带页码效果。

PageView 属性检查器中外观如图 6-52 所示。

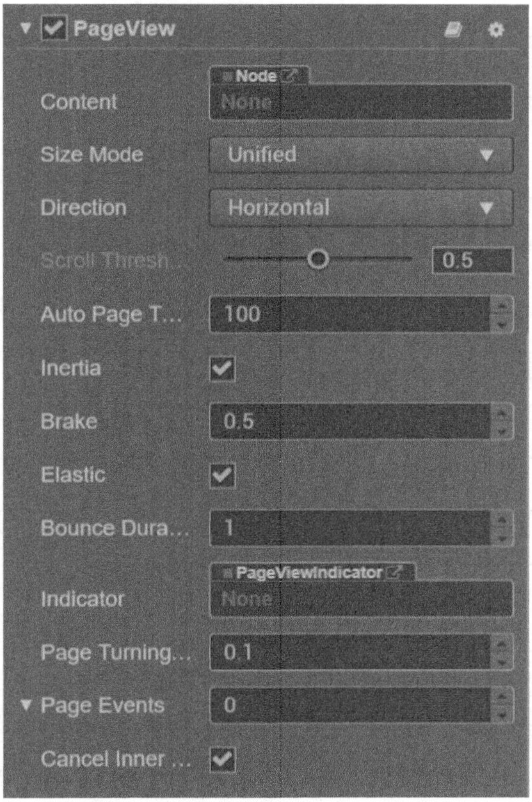

图 6-52

主要属性说明如表 6-17 所示。

表 6-17

属性	功能
SizeMode	页面视图中每个页面大小类型 Unified：每页统一大小 Free：每页大小随意
Content	内容节点
Direction	页面视图滚动方向
ScrollThreshold	滚动临界值，默认单位百分比，当拖曳超出该数值时，触摸结束时会自动滚动下一页，否则翻回原页
AutoPageTurningThreshold	快速滑动翻页临界值，当用户快速滑动时，会根据滑动开始和结束的距离与时间的计算出的速度值，与临界值相比较，如果大于临界值，则进行翻页
Inertia	是否开启滚动惯性
Brake	开启惯性后，在用户停止触摸后惯性衰减速率，0 表示永不停止，1 表示立刻停止
Elastic	是否回弹
Bounce Duration	回弹所需要的时间。取值范围是 0～10
Indicator	页码视图指示器组件
PageTurningEventTiming	设置 PageView PageTurning 事件的发送时机
PageEvents	翻页事件的自定义回调列表
CancelInnerEvents	是否在滚动行为时取消子节点上注册的触摸事件

注意　当 CancelInnerEvents 为 "true" 会影响 content 中子节点的触摸。Content 子节点中，尽量避免可触摸拖曳或点击拖曳的节点，否则和 PageView 的触摸冲突（Button 可正常使用）。PageView 是捕获模式的事件阻断，详见第 5 章。

PageView 事件：当翻页成功后 PageView 事件的自定义回调将会被调用。PageView 的事件回调有 3 个参数，第一个参数是 PageView 本身，第二个参数是 PageView 的事件类型，第三个参数是 CustomEventData。

6.5.9 VideoPlayer 组件参考

VideoPlayer（播放器）组件，用于在游戏中播放视频，支持本地视频与远程视频。VideoPlayer 属性检查器中外观如图 6-53 所示。

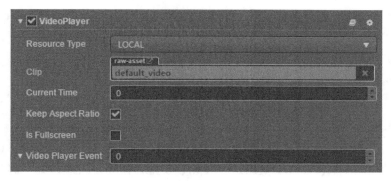

图 6-53

主要属性说明如表 6-18 所示。

表 6-18

属性	功能
ResourceType	视频来源：REMOTE 表示远程视频 URL，LOCAL 表示本地视频地址
RemoteURL	远程视频 URL
Clip	本地视频 URL
CurrentTime	视频开始播放时间点，单位是秒。也可以获取播放进度
KeepAspectRatio	是否保持视频原有长宽比
IsFullScreen	是否全屏
VideoPlayerEvent	视频播放事件自定义回调列表

VideoPlayer 事件：视频播放回调函数，该回调函数会在特定情况被触发，比如播放中暂时、停止和完成播放。VideoPlayer 的事件回调有 3 个参数，第一个参数是 VideoPlayer 本身，第二个参数是 VideoPlayer 的事件类型，第三个参数是 CustomEventData。

注意 VideoPlayer 的绘制顺序和一般的节点不一样，不建议视频和其他节点互相遮挡。

VideoPlayer 案例

片头动画是目前高端手机游戏的"标配"之一，此案例做一个片头动画。在场景开始时先播放视频，当视频结束或者用户点击屏幕内任意位置会跳过片头。

（1）创建并打开新场景"VideoplayerScene"。在场景中创建"Canvas"子节点"VideoPlayer"组件，"创建节点" → "创建 UI 节点" → "创建 VideoPlayer（播放器）"，并重命名为"VideoPlayer"；创建一个空节点，并重命名为"GameMaster"；创建一个空节点，重命名为"GameContent"，用来代表游戏内容，为它创建一个 Label 子节点，并把内容改为"开始游戏"。如图 6-54 所示。

 注意 VideoPlayer 创建时默认有一段 Cocos Creator 的简单视频，如果需要，则可换成指定视频。

（2）在"VideoPlayer"节点上添加"Widget"组件，并使它和屏幕一样大。确保片头是全屏的，如图 6-55 所示。

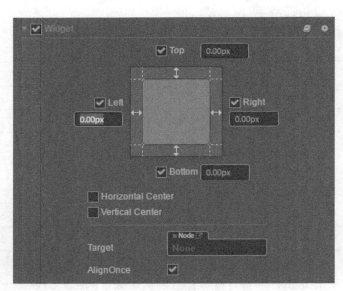

图 6-54　　　　　　　　　　　　　　　　图 6-55

（3）创建并编辑脚本"VideoPlayerScript"，代码如下：

```
cc.Class({
    extends: cc.Component,

    properties: {
        videoPlayer:cc.VideoPlayer,
        gameContent:cc.Node,
    },

    // use this for initialization
    onLoad: function () {
        this.gameContent.active = false;
    },
    videoPlayerEvent: function(sender, event) {
        if(event === cc.VideoPlayer.EventType.READY_TO_PLAY) {
            this.videoPlayer.play();
        } else if(event === cc.VideoPlayer.EventType.CLICKED ||
        event == cc.VideoPlayer.EventType.COMPLETED) {
            this.videoPlayer.node.removeFromParent();
            this.gameContent.active =true;
        }
    }
});
```

代码中声明了两个属性，代码第 5 行，videoPlayer 负责播放片头；代码第 6 行，gameContent 代表片头结束后的游戏内容。代码第 11 行，在 onLoad 的时候，即在游戏开始先把游戏内容隐藏起来，以免在视频加载好之前就先看到游戏画面。

代码第 14 行至第 15 行，在 "videoPlayerEvent" 函数中示范了视频播放器的事件自定义回调的一些方式：当视频加载完成后开始播放（这是必须的）；代码第 16 行至 20 行，在视频播放结束或者用户点击任意位置，把视频节点移除，并把游戏内容展示出来。

（4）把脚本 "VideoPlayerScript" 添加到 "GameMaster" 节点上，并将 "VidowPlayer" 节点和 "GameContent" 节点绑定到 "VideoPlayerScript" 组件对应属性，如图 6-56 所示。

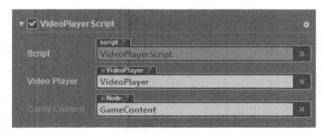

图 6-56

（5）保存、编译并运行预览。先播放片头，片头完成后显示游戏内容。

（6）小结：上述案例展示了"VideoPlayer"的基础功能与常见的事件自定义回调。

6.5.10 WebView 组件参考

WebView（网页视图）组件，用于在游戏中显示网页。它适合于展示公告、活动等。WebView 属性检查器中外观如图 6-57 所示。

图 6-57

主要属性说明如表 6-19 所示。

表 6-19

属性	功能
URL	指定 WebView 加载的网址，它应该是一个 http 或者 https 开头的字符串
WebViewEvent	WebView 事件自定义回调列表

WebView 事件：当网页加载过程中，加载完成后或者加载出错时都会调用自定义回调。WebView 的事件回调有 3 个参数，第一个参数是 WebView 本身，第二个参数是 WebView 的事件类型，第三个参数是 CustomEventData。

WebView 案例

此案例尝试用 WebView 制作一个简单的浏览器，可以浏览用户输入的 URL 对应的网页，并显示加载状态"正在加载""加载完成"或是"发生错误"。

（1）创建并打开新场景"WebviewScene"。

（2）在"Canvas"中分别建立"WebView""EditBox""Button"和"Label"并命名，另外建立空节点命名为"GameMaster"以便控制。如图 6-58 所示。

布局成比较好看的样子，上面是输入框和按钮，中间是 WebView，下面是状态标签、为了状态标签看得清楚，这里加了一个灰色的背景。

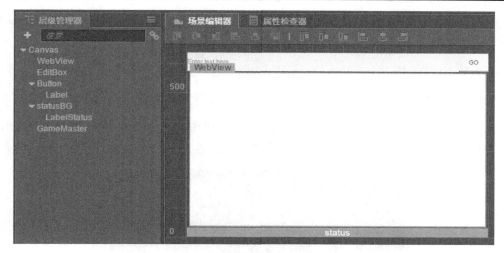

图 6-58

（3）新建并编辑脚本 "WebViewScipt"，代码如下：

```
cc.Class({
    extends: cc.Component,

    properties: {
        webView:cc.WebView,
        url:cc.EditBox,
        labelStatus:cc.Label,
    },

    didButtonClicked:function(){
        this.webView.url = this.url.string;
    },

    onWebViewEvent: function (sender, event) {
        var loadStatus = "";
        if (event === cc.WebView.EventType.LOADED) {
            loadStatus = " is loaded!";
        } else if (event === cc.WebView.EventType.LOADING) {
            loadStatus = " is loading!";
        } else if (event === cc.WebView.EventType.ERROR) {
            loadStatus = ' load error!';
        }
        this.labelStatus.string = this.url.string + loadStatus;
    },
});
```

上述代码声明了 3 个成员属性：代码第 5 行网页视图、代码第 6 行文字输入框和代码第 7 行状态标签。

代码第 10 行至第 12 行，"didButtonClicked"是按钮点击事件的自定义回调。

代码第 14 行至第 24 行，"onWebViewEvent"是网页视图事件的自定义回调。

（4）"GameMaster"节点添加"WebViewScipt"组件，并分别把"WebView""EditBox"和"LabelStatus"分别绑定至合适的成员属性，如图 6-59 所示。

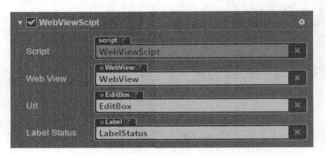

图 6-59

（5）"Button"和"WebView"分解加入对应的自定义回调，如图 6-60 和图 6-61 所示。

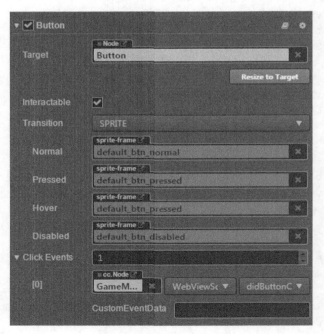

图 6-60

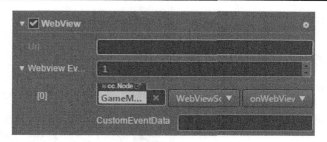

图 6-61

（6）保存、编译并运行预览。在输入框输入"http://www.cocos.com"，点击按钮，效果如图 6-62 所示。

图 6-62

（7）小结：上述案例展示了 WebView 的基础用法与常见的事件自定义回调。

6.6　小结

本章介绍了 Cocos Creator GUI 系统与常用的各种用户界面组件，使读者可以熟练地应用图形界面的各个组件。

第 7 章
动作系统与计时器

动作系统和计时器是游戏世界中节点动态化的主要方式。

Cocos Creator 的动作系统沿用了 Cocos2d-x 的动作系统，API 与方法大体相同，作用于节点。

动作系统主要是向程序员提供接口，适合进行简单的可清晰描述的位移、形变动作，或者动态目的动作（比如子弹需要朝着主角飞行，而主角在游戏运行时是动态改变位置的）。

计时器是游戏定期执行代码的主要方式，Cocos Creator 中标准计时器（逐帧调用）scheduleUpdate 已经不需要了，但是非标准（非逐帧调用）仍然需要用计时器注册。

本章包括以下能够帮助读者以最快速度上手的教程内容：

- 动作；
- 计时器。

7.1 动作

7.1.1 动作简介

通过之前章节介绍，可以通过直接修改节点属性，来达到修改节点位置的目的。但是游戏中常见的并不是位置的瞬间移动，而是节点的慢慢连续移动。比如节点从目前位置在一段时间内匀速移动到指定位置。

在第 4 章提到过 update 函数会每帧执行，可以计算出每帧节点应该在的位置，然后在 update 函数中不断地设置节点位置进行移动。

Cocos Creator 针对类似需求提供了一套基于节点的动作系统，可有效地简化、整合并管理类似需求。

动作分为即时动作、间隔动作、容器动作和缓动动作。

7.1.2　动作基础接口

动作系统是基于节点也是针对节点的，所以动作必须由节点发起，以移动动作为例。

创建动作，直接调用动作的创建函数，移动为例代码如下。

```
// 创建一个移动动作
var action = cc.moveTo(2, 100, 100);
```

代码第 2 行中的 3 个参数代表 2 秒内移动到(100，100)位置，具体参数详见 7.1.4 节，返回创建好的动作。

开始动作，需要一个执行此动作的节点，以 node 为例，代码如下。

```
// 执行动作
node.runAction(action);
```

通过节点的"runAction"方法明确动作的执行者并使节点开始执行动作。当动作执行完即停止动作。

停止动作：当动作还未执行完（未到持续时间），可以通过节点的"stopAction"方法强制停止动作，代码如下。

```
// 停止一个动作
node.stopAction(action);
```

瞬时动作不能被停止，瞬时动作详见 7.1.3 节。

节点还提供简便方式停止指定节点上的所有动作的接口，代码如下。

```
// 停止一个动作
node.stopAction(action);
```

除了通过动作引用（动作创建接口的返回值）来控制动作，Cocos Creator 还支持给动作设置 tag，之后用 tag 来控制动作，代码如下。

```
// 给 action 设置 tag
var ACTION_TAG = 1;
action.setTag(ACTION_TAG);
// 通过 tag 获取 action
node.getActionByTag(ACTION_TAG);
// 通过 tag 停止一个动作
node.stopActionByTag(ACTION_TAG);
```

代码第 2 行，定义 tag 值，用易读懂变量名的变量替代数字型 tag 以增加代码的可读性，这是常用开发方式。

代码第 3 行，为已经创建完成的动作设置 tag，动作的 tag 仅节点内有效，同节点内可以多动作设置重复 tag，但不推荐这种方法。

代码第 5 行，节点方法 getActionByTag 会返回该节点已经开始的所有动作中指定 tag 的动作，如果有多个同 tag 正在执行动作，则返回其中的一个；如果没有找到指定 tag 的动作则返回 null。

代码第 7 行，节点方法 stopActionByTag 会停止指定 tag 正在执行的动作，如果有多个同一 tag 正在执行动作，停止其中的一个。

Cocos Creator 还提供了工作暂停方法，但是只能暂停指定节点的所有动作，代码如下。

```
// 暂停节点所有动作
node.pauseAllActions();
// 继续节点所有动作
node.resumeAllActions();
```

暂停状态针对的是动作，而不是节点。先暂停节点的所有动作，然后该节点开始新的动作不会受其他动作暂停状态影响。

7.1.3　瞬时动作

一种没有过程的动作，立刻完成（调用开始一帧内生效）。继承自 FiniteTimeAction。常见的瞬时动作如表 7-1 所示。

表 7-1

动作	参数类型与参数描述	描述
cc.show	无	立即显示
cc.hide	无	立即隐藏
cc.toggleVisibility	无	显隐状态切换
cc.removeSelf	Boolean，可选参数，是否清除	从父节点移除自身
cc.flipX	Boolean，是否翻转	X 轴翻转
cc.flipY	Boolean，是否翻转	Y 轴翻转
cc.place	Vec2 或 Number、Number 指定位置	放置在目标位置
cc.callFunc	Function 方法：Any 目标、Any 参数	执行回调函数
cc.targetedAction	cc.Node 目标节点 FiniteTimeAction 目标动作，限定是瞬时动作	用已有动作和一个新的目标节点创建动作

这种动作没有过程，和直接修改节点属性效果完全一致。Cocos Creator 提供这种动作的主要目的是和顺序执行动作（sequence）配合使用，比如当子弹飞至射程以外就消失或销毁等。详见 7.1.5 节。

7.1.4　间隔动作

间隔动作有一定的持续时间，有"duration"属性。在此时间内逐步动作，继承自FiniteTimeAction。

Cocos Creator 提供的间隔动作全部都是匀速的，即在持续时间内由当前状态匀速地变化到指定状态。如果需求非匀速运动，需要配合缓动动作，详见 7.1.6 节。

常见间隔动作如表 7-2 所示。

表 7-2

动作	参数类型与参数描述	描述
cc.moveTo	Number 持续时间 Vec2 或 Number、Number，指定位置	移动到目标位置
cc.moveBy	Number 持续时间 Vec2 或 Number、Number，指定位置	移动到相对位置
cc.rotateTo	Number 持续时间 Number 指定角度	旋转到目标角度
cc.rotateBy	Number 持续时间 Number 指定角度	旋转到相对角度
cc.scaleTo	Number 持续时间 Number，Number 缩放比例	缩放到指定的倍数
cc.scaleBy	Number 持续时间 Number，Number 缩放比例	缩放到相对倍数
cc.skewTo	Number 持续时间 Number，Number 倾斜角度	偏斜到目标角度
cc.skewBy	Number 持续时间 Number，Number 倾斜角度	偏斜到相对角度
cc.jumpTo	Number 持续时间 Vec2 或 Number、Number 指定位置 Number 跳跃高度 Number 跳跃次数	用跳跃的方式移动到目标位置

续表

动作	参数类型与参数描述	描述
cc.jumpBy	Number 持续时间 Vec2 或 Number、Number 指定位置 Number 跳跃高度 Number 跳跃次数	用跳跃的方式移到相对位置
cc.follow	Node 目标节点 Rect 追踪范围	追踪目标节点的位置
cc.blink	Number 持续时间 Number 闪烁次数	闪烁（基于透明度）
cc.fadeTo	Number 持续时间 Number 透明度	修改透明度到指定值
cc.fadeIn	Number 持续时间	渐显
cc.fadeOut	Number 持续时间	渐隐
cc.tintTo	Number 持续时间 Number，Number，Number RGB 取值，均值范围均为 0～255	修改颜色到指定值
cc.tintBy	Number 持续时间 Number，Number，Number RGB 取值，均值范围均为 0～255	按照指定的增量修改颜色
cc.delayTime	Number 持续时间	延迟指定的时间量

注意　moveTo、rotateTo 或是 scaleTo 之类的方法，目标参数均是参与动作节点的相对节点属性。
上述列表有一批类似 moveTo 和 moveBy 的 to 或 by 动作，上述 to 系列为指定固定目标，by 系列为针对目前状态的增量目标。

7.1.5　容器动作

容器动作是一种组合动作，当节点需要执行多个连续动作，或者同时进行多项动作时建议使用容器动作，常见容器动作如表 7-3 所示。

表 7-3

动作	参数类型与参数描述	描述
cc.sequence	FiniteTimeAction 序列或 FiniteTimeAction 数组，需要执行的动作	顺序执行动作，按参数顺序，上一个动作执行完成自动开始下一个动作
cc.spawn	FiniteTimeAction 序列或 FiniteTimeAction 数组，需要执行的动作	同步执行动作，参数中所有动作同时开始
cc.repeat	FiniteTimeAction 需要重复动作 Number 重复次数	重复执行动作，当动作执行完成后开始重复，直至重复次数完成动作结束
cc.repeatForever	FiniteTimeAction 需要重复动作	永远重复动作，当动作执行完成后重复

cc.sequence（顺序动作），一系列子动作顺序执行，范例代码如下。

```
// 让节点左右来回移动
var seq = cc.sequence(cc.moveBy(0.5, 200, 0), cc.moveBy(0.5, -200, 0));
node.runAction(seq);
```

代码第 2 行创建了 cc.sequence 动作，并以两个 moveBy 动作为参数。此容器动作为先在 0.5 秒内向右 200 像素，然后在 0.5 秒内向左 200 像素。

cc.spawn（同步动作），一系列子动作同步执行，范例代码如下。

```
// 让节点在向上移动的同时缩放
var spawn = cc.spawn(cc.moveBy(0.5, 0, 50), cc.scaleTo(0.5, 0.8, 1.4));
node.runAction(spawn);
```

 注意 任意间隔动作都可以组合来同步使用，但是同类动作会互相影响，比如向右移动会和向左移动抵消，谨慎使用。

其中序列动作 cc.sequence 和同步动作 cc.spawn 支持两种参数传入，动作序列或者动作数组，代码如下。

```
// create sequence with actions
var seq = cc.sequence(act1, act2);

// create sequence with array
var seq = cc.sequence([act1, act2]);
```

代码第 2 行与代码第 5 行两种方式效果完全一致。

注意   不同于 Cocos2d-x 系列，cc.sequence 的序列参数最后不需要 null 结尾。

容器动作的控制，如停止或者暂停等不会影响容器中的动作，需要单独处理。

重复动作（cc.repeat）：重复执行动作，当动作执行完成后重复。范例代码如下。

```
// 让节点左右来回移动，并重复 3 次
var seq = cc.repeat(
    cc.sequence(
        cc.moveBy(1, 100, 0),
        cc.moveBy(1, -100, 0)
    ), 3);
node.runAction(seq);
```

永远重复动作（cc.repeatForever）：永远重复动作，当动作执行完成后重复。范例代码如下。

```
// 让节点左右来回移动并一直重复
var seq = cc.repeatForever(
    cc.sequence(
        cc.moveBy(1, 100, 0),
        cc.moveBy(1, -100, 0)
));
```

注意   由于 repeatForever 永远不会停止，所以不能被添加到序列动作容器或同时动作容器中。

7.1.6   缓动动作

Cocos Creator 所有的间隔动作都是匀速运动，为了让节点运动得更生动，有时希望运动并不匀速。Cocos Creator 提供了动作修饰动作：缓动动作。缓动动作不单独存在，它是一个间隔动作或者一个容器动作的修饰动作。代码如下。

```
var aciton = cc.scaleTo(0.5, 2, 2);
action.easing(cc.easeIn(3.0));
```

缓动动作和效果用效果时间曲线图来理解效果，其中横坐标代表时间，从 0 到所需时间，纵坐标代表动作完成情况，即从原始状态到目标状态，那么，匀速动作图样如图 7-1 所示。

加速运动的效果时间曲线大致如图 7-2 所示。

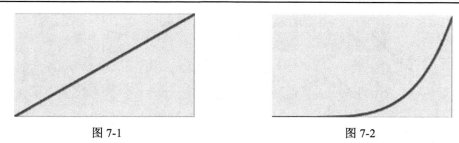

图 7-1   图 7-2

  Cocos Creator 提供了大量缓动动作，其中的常见缓动动作名称与其对应的效果时间曲线如图 7-3 和图 7-4 所示。

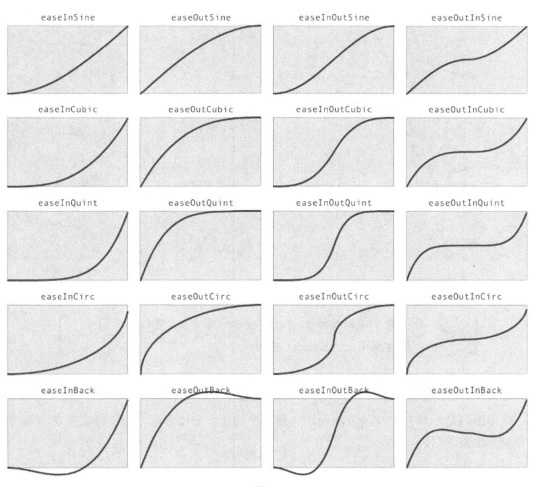

图 7-3

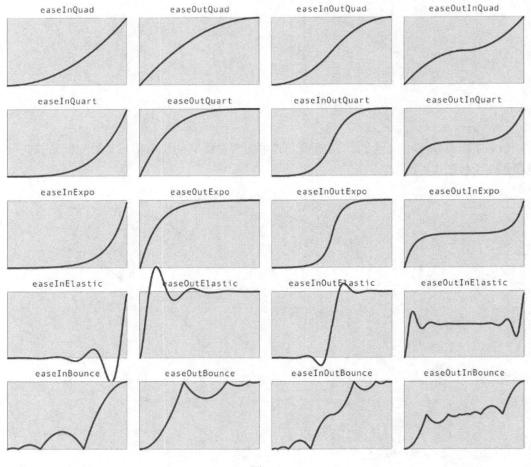

图 7-4

 注意 缓动接口名可能随版本略有变化，最新动作列表请参照 Cocos Creator 官网。

7.1.7 动作回调

动作回调是一种自定义函数回调，也是一个动作。通过容器动作可以实现在一系列动作中插入函数调用。

定义动作回调代码如下。

```
var finished = cc.callFunc(this.myMethod, this, opt);
```

或者如下所示。

```
var finished = cc.callFunc(function () {
    //doSomething
}, this, opt);
```

cc.callFunc 参数及描述如表 7-4 所示。

表 7-4

参数类型	描述
Function	自定义回调方法，此方法要求无返回值，可以有参数
Object	调用目标，绑定回调方法中的 this
Any	回调参数，如果有多参数需要回调传入，建议组成 Object 传入

之后把动作回调加入到动作序列中，代码如下。

```
var myAction = cc.sequence(cc.moveBy(1, cc.p(0, 100)), cc.fadeOut(1), finished);
```

 注意 动作回调中尽可能规避停止动作，包括停止自己，由于动作不是立刻被回收，暂停会导致不可预计的问题。

7.2 计时器

Cocos Creator 提供了基于组件的 cc.Scheduler，并且区别于 Cocos2d-x 的计时器，接口方式有较大改变，但是 Cocos Creator 的计时器更加灵活。

每帧都要执行的代码一般放到组件的 update 中，详见第 4 章。非每帧触发的计时器利用 Cocos Creator 提供的 schedule（一个统一调度计时器），不会因为计时器内容变多而影响效率。

7.2.1 开始一个计时器

Cocos Creator 提供组件的成员方法 schedule 以开始一个新计时器，代码如下。

```
component.schedule(function() {
    // 这里的 this 指向 component
    this.doSomething();
}, 5);
```

上述代码的 component 可为任意组件或组件子类。代码第 1 行，第一个参数为计时到时后器回调，回调中 this 指向 component；代码第 4 行，第二个参数为间隔时间，单位是秒，即每隔 5 秒回调一次。

和 Cocos2d-x 系列一样，schedule 提供更多参数灵活版本，代码如下。

```
// 以秒为单位的时间间隔
var interval = 5;
// 重复次数
var repeat = 3;
// 开始延时
var delay = 10;
component.schedule(function() {
    // 这里的 this 指向 component
    this.doSomething();
}, interval, repeat, delay);
```

schedule 参数如表 7-5 所示。

表 7-5

参数类型	描述
Function	自定义回调方法，此方法要求无返回值，可以有参数
Number	间隔时间，单位秒，等于 0 的时候每帧都会调用，和 update 效果一致
Number	重复次数，会掉回被调用参数 3+1 次，可以填入 "kCCRepeatForever" 代表永久重复。此参数为选填参数
Number	第一次计时延迟时间，单位是秒，等于 0 的时候会在下一帧调用。此参数为选填参数

7.2.2   只执行一次的计时器

只执行一次的计时器是常用的延时调用方法，计时器只执行一次，执行完成后自动取消计时器。

针对只执行一次的计时器需求，除了将普通计时器的参数 3 设为 0 以外，Cocos Creator 还提供了单独的接口 scheduleOnce，范例代码如下。

```
component.scheduleOnce(function() {
    // 这里的 this 指向 component
    this.doSomething();
}, 2);
```

由于只执行一次，所以参数简化为两个。参数如表 7-6 所示。

表 7-6

参数类型	描述
Function	自定义回调方法，此方法要求无返回值，可以有参数
Number	延迟时间，单位是秒，等于 0 的时候会在下一帧调用

7.2.3 取消计时器

通过组件的 unschedule 方法取消指定计时器，范例代码如下。

```
this.count = 0;
this.callback = function () {
    if (this.count === 5) {
        // 在第 6 次执行回调时取消这个计时器
        this.unschedule(this.callback);
    }
    this.doSomething();
    this.count++;
}
component.schedule(this.callback, 1);
```

参数如表 7-7 所示。

表 7-7

参数类型	描述
Function	自定义回调方法，需要和开始计时器传入相同引用才能取消

另外，Cocos Creator 还提供 unscheduleAllCallbacks 方法来取消组件上所有的计时器，无参数。

 注意 再次强调与 Cocos2d-x 系列的区别，计时器都是基于组件的，节点不包含计时器相关接口。

7.3 小结

本章介绍了 Cocos Creator 的动作系统与计时器的主要使用方式。

第 8 章
动画系统

为了让游戏内容动起来，第 7 章介绍了动作系统，但是动作系统更多的是依赖代码来完成，是程序员用来完成动态目标的最适合方案。比如：主角由玩家自由操控，可自由转向，子弹由主角枪口出发朝着当前主角朝向方向发射，其中子弹的出发点和目的地都是游戏运行时才能确定的。这种情况，子弹的运动推荐用动作系统完成。

针对固定动画，比如游戏开始后，游戏标题由屏幕上方移动至屏幕中央，Cocos Creator 提供动画系统，可完全不写代码或配合少量代码控制，由美术人员或者策划人员通过编辑器界面快速完成。

Cocos Creator 的动画系统除了基础的平移动画、旋转动画、缩放动画和逐帧动画（又名序列帧动画）以外，还支持在动画过程修改任意节点组件的组件属性值，以及任意编辑时间曲线和移动轨迹编辑等，实现无代码化高效、细腻的动画创作与修改。

本章包括以下能够帮助读者以最快速度上手的教程内容：

- 动画编辑器；

- 创建动画剪辑；

- 编辑动画曲线；

- 编辑逐帧动画；

- 添加动画事件；

- 使用脚本控制动画。

8.1 动画编辑器

在介绍动画编辑器之前，先了解以下几个概念。

- 动画组件：Animation 组件，动画同样也是组件，需要被添加到需要动画控制的节点上。
- 动画剪辑：Clip 文件，动画的保存文件。动画组件播放的内容保存至动画剪辑。
- 动画编辑器：动画编辑器是动画剪辑属性检查器的延伸，是用来编辑动画剪辑的唯一手段。

 注意 动画的数据索引方式根据动画组件所依附的节点为根节点，保存节点相对路径。所以在用动画组件控制节点的子节点时，子节点不可以重名，否则将只能控制同名子节点中的第一个（最上面一个）。

动画编辑器界面

动画编辑器是动画剪辑的编辑器，需要指定待编辑的动画剪辑才可以开始使用，首先要大致了解动画编辑器的界面。

动画编辑器界面默认在 Cocos Creator 下方，和串口输出窗口重叠。如图 8-1 所示。

图 8-1

- 按钮控制区：动画编辑器常用功能按钮，从左至右依次是"开始编辑按钮""返回第一帧按钮""上一帧按钮""播放、暂停按钮""下一帧按钮""新建动画剪辑按钮"和"插入动画事件按钮"。

- 时间轴与自定义事件：显示时间，时间表示格式为"秒:帧"，比如时间显示"1:05"代表 1 秒零 5 帧，具体时间与帧速率有关，具体参照 8.3 节部分。右侧部分可用鼠标滚轮缩放时间比例。自定义事件也显示在此。

- 节点区：动画剪辑需要控制的节点。这里是以动画组件所依附的节点为根节点。选中节点，下方属性区会显示该节点对应需要控制的属性。

- 属性区：动画控制属性。动画控制其实际控制的内容是节点属性或节点上组件属性，如位置、旋转或缩放等。在节点区选中节点后，在属性区添加或修改相应属性。

- 帧预览区：展示每个节点在各个时间段是否有关键帧。光标移至帧预览区，可按住"空格"键，按住鼠标左键拖曳可左右移动帧预览区。

- 关键帧区：展示每个属性的关键帧，通过点击选中的关键帧进行修改。光标移至关键帧区，可按住"空格"键，按住鼠标左键拖曳可左右移动关键帧区。

- 动画剪辑属性：动画剪辑的基本属性，包括 Sample（帧速率），即每秒动画帧数，默认为 60 帧/秒，可以和游戏帧速率不一致；Speed（播放速度），正常速度的倍数，默认是 1；Duration（持续时间），当前动画剪辑在速度为 1 时持续时间；Real Time（真实时间），动画剪辑从开始播放到结束真正结束时间，播放速度会计算在内；Wrap Mode（循环模式），不循环、不断循环、来回往复等方式。

8.2 创建动画

8.2.1 创建动画组件

基础方式创建动画组件：在目标节点的属性检查中，"添加组件"→"添加其他组件"→"Animation 组件"。

除基础方式外，选中目标节点，打开动画编辑器，单击"添加 Animation 组件"按钮，如图 8-2 所示。

8.2.2 动画组件参考

动画组件在属性检查器中如图 8-3 所示。

图 8-2

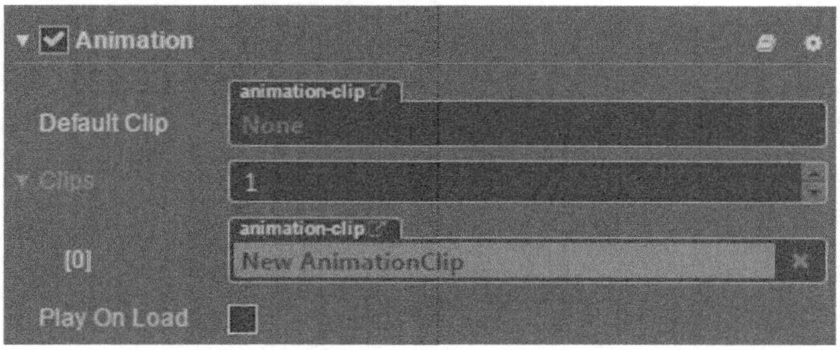

图 8-3

属性详解，如表 8-1 所示。

表 8-1

属性	功能说明
Default Clip	默认的动画剪辑，如果这一项设拥有赋值，并且 Play On Load 也为 true，那么动画会在加载完成后自动播放 Default Clip 的内容
Clips	List 类型，默认为空，在这里面添加的 AnimationClip 会反映到动画编辑器中，开发者可以在动画编辑器里编辑 Clips 的内容
Play On Load	是否在动画加载完成后自动播放 Default Clip 的内容

8.2.3　创建动画剪辑并关联动画组件

在资源管理器窗口添加"Animation Clip"。动画组件中"Clips"数量改为 1，并将新建好的剪辑拖曳到动画组件 Clips[0]的空位。如图 8-4 所示。

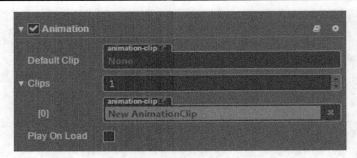

图 8-4

除上述方式外，如果选中节点有动画组件，但是其动画组件还没有添加任何动画剪辑，则可以通过动画编辑器界面，单击"新建 Animation Clip"按钮来关联。

8.3   编辑动画

首先选取需要动画控制的节点，然后确保节点拥有动画组件，并确保动画组件中有至少一个动画剪辑，这样就可以开始在动画编辑窗口来编辑动画。

8.3.1   开始编辑动画剪辑

单击左上角按钮区 ☑ 开始录制按钮，动画编辑器窗口进入激活状态，如图 8-5 所示。

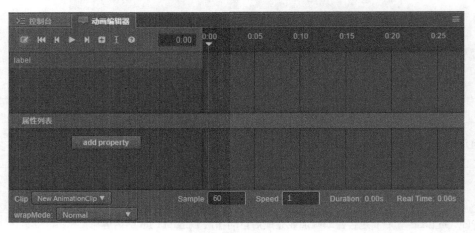

图 8-5

8.3.2   添加一个新的属性轨道

动画对每一个节点属性或节点组件属性的控制都需要一条属性轨道来进行管理。

在节点区域选择需要控制节点（此节点只能是动画组件所属节点或其子节点），在属性列表中单击"add property"按钮。弹出该节点所有公开属性，其中包括节点属性、Cocos Creator 提供组件（比如 cc.Label）属性，还有第三方或自定义组件的属性。

选择此属性轨道需要控制的属性，比如希望这个动画是一个从上向下的下落动画，此需求适合添加一个"y"属性的属性轨道。选择后属性列表中会出现一个新的属性轨道。

每添加一个属性就会添加一个属性轨道。

8.3.3 删除一个属性轨道

鼠标右键单击属性列表中的属性，在弹出菜单选择"delete"选项，将删除选中属性轨道。

8.3.4 添加关键帧

拖曳时间轴上的红线到需要位置，单击在属性列表中指定属性右侧的"+"按钮，会在红线对应时间位置为此属性轨道添加一个关键帧（菱形标记）。如图 8-6 所示。

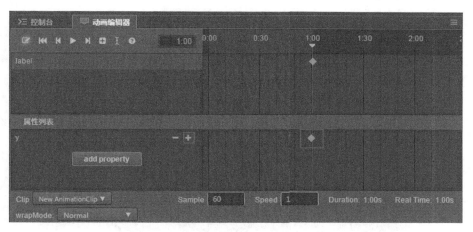

图 8-6

8.3.5 选择关键帧与编辑关键帧

选择关键帧，指在录制状态，鼠标左键单击选中关键帧，关键帧由蓝变白，支持多选（"Ctrl"键、"Command"键或者鼠标框选）。

编辑关键帧，是在关键帧处于被选中状态下，直接在属性检查器中修改节点对应属性即会录制生效。比如关键帧的属性是"y"，选中关键帧之后，修改此节点的 Position（位置）属性中的"y"属性，就会录制到此动画剪辑中。

8.3.6 移动关键帧

针对已经存在的关键帧,可以在它的上一关键帧与下一关键帧之间的时间区间内任意移动。先选择希望移动的关键帧,然后通过按住鼠标左键横向拖曳,改变关键帧所在时间。

8.3.7 删除关键帧

选中需要删除的关键帧,然后通过对应属性轨道的属性区右侧"−"(减号)按钮,删除选中关键帧。

 注意 删除选中关键帧不可撤销,如果误删,可以重新创建或者不保存此次修改。谨慎使用。

8.3.8 保存修改

所有录制期间修改的内容,需要保存到动画剪辑文件中才能生效。保存按钮在场景编辑器左上角,如图 8-7 所示。

图 6-7

单击"保存"按钮保存此次动画剪辑修改。

8.4 编辑逐帧动画

逐帧动画是 2D 游戏表现力最强的动画之一，也是角色、动作、特效中常用的动画方式。用一系列相关图片快速替换，使观看者产生动画感受。Cocos Creator 使用标准动画方式实现逐帧动画，在合适的时间更改精灵节点的"Sprite Frame"属性实现图片切换。方式大致如下。

（1）准备一些动画素材，建议使用图集。如图 8-8 至图 8-12 所示。

图 8-8

图 8-9

图 8-10

图 8-11

图 8-12

（2）创建精灵节点"Sheep"，并添加动画组件。创建动画剪辑并添加"Sheep"节点为受节点。添加"cc.Sprite.spriteFrame"属性轨道。

（3）在"cc.Sprite.spriteFrame"属性轨道的合适时间位置添加关键帧。逐帧动画的关键帧间隔通常一致，并且间隔最短不低于1帧所用时间，最长不超过1/12秒（人眼视觉残像保留时间）。如图8-13所示。

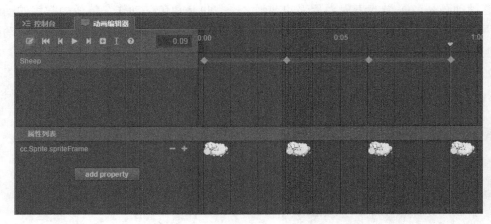

图 8-13

（4）修改关键帧内容，选中关键帧，把一系列动作图片放入对应帧中节点的精灵组件"SpriteFrame"属性内。如图8-14所示。

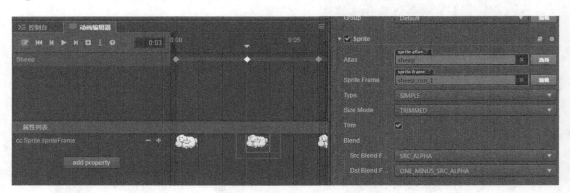

图 8-14

（5）将动画循环模式改为"Loop"循环，即当播放至动画结尾时从头开始播放。如图8-15所示。

图 8-15

（6）保存动画剪辑。

> **注意** 如果间隔超过 1 帧，那么需要建立 N+1 个关键帧，其中 N 为动画图片数量。最后两帧的内容保持一致，确保最后一张图也能持续指定的时间间隔后才重新开始播放第一帧。

8.5 非匀速动画

和动作系统一样，动画系统中间的属性补间（比如平移动画）默认是匀速的。Cocos Creator 提供了非常直观和方便的曲线调试方法来制作非匀速动画。

8.5.1 编辑窗口

同一属性轨道上相邻的两个关键帧，如果间隔大于 1 帧，并且关键帧属性产生变动，系统会在这两个关键帧之间生成补间连线。

在任何系统补间连线上，双击鼠标左键，即可打开编辑窗口，如图 8-16 所示。

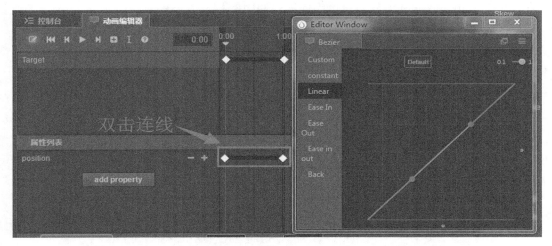

图 8-16

8.5.2 使用预设曲线

编辑器中显示的是此段动画的时间效果曲线图，与动作时间效果曲线图意义一致，详见 7.1.6 节。

在编辑窗口左侧有一些预设曲线,比如:Linear 为匀速(默认)、Ease In(进入时缓动,加速动画)、Ease Out(离开时缓动,减速动画)等。在预设的几种曲线上方也有更多参数可具体调节效果。

8.5.3 自定义曲线

Cocos Creator 的动画曲线都是用两端点两参照点的贝赛尔曲线,通过鼠标左键拖曳参照点来改变曲线。在任何预设曲线上拖动参照点也会自动变为自定义曲线。

8.6 添加动画事件

虽然动画系统非常独立,且无需代码即可完成各种动画效果。但是动画与组件脚本的交互需求还是很常见的。比如需要在动画播放到指定位置时触发一定游戏逻辑等。Cocos Creator 提供了帧事件机制,用事件的方式调用自定义节点组件。

8.6.1 添加事件

把动画时间条(红线)拖曳到指定的时间节点,然后单击功能按钮中最右侧的"添加事件"按钮,指定时间轴上会出现白色标记,如图 8-17 所示。

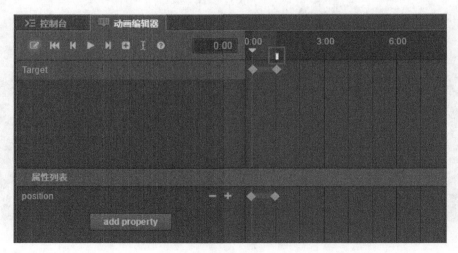

图 8-17

8.6.2 编辑动画事件

鼠标左键双击时间轴的动画事件标记,会弹出事件编辑窗口,如图 8-18 所示。

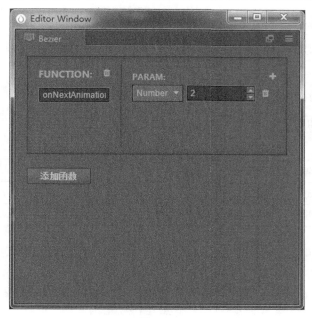

图 8-18

默认动画事件会调用一个函数，如果需要调用多个则可以单击下方"添加函数"按钮。

函数部分没有参照 Cocos Creator 其他事件自定义回调用节点、组件和函数的方式索引，而是更加简单的直接的填写方法名方式。

当事件触发时，会遍历此节点所有组件的所有方法以匹配。回调函数支持多参数，用右侧"PARAM"部分的"+"（加号）按钮和"−"（减号）按钮修改参数个数，参数支持"String""Number"和"Boolean"3 种类型。

8.6.3　删除动画事件

在编辑动画事件界面时，把所有自定义方法都删掉之后，动画事件将自动删除。

8.7　使用脚本控制动画

动画组件可以通过自动播放（"Default Clip"属性和"Play On Load"属性一同使用）实现自动播放默认动画剪辑动能。同时，动画组件还支持通过脚本控制默认动画剪辑或动画组件内其他动画剪辑。包括动画的播放、停止、暂停和继续等。

8.7.1　播放动画剪辑

要求被播放的动画剪辑必须在该动画组件的"Clips"属性内。

调用动画组件"play"的方法，API 如下。

AnimationState play (name , startTime)

参数如表 8-2 所示。

表 8-2

名称	类型	描述
name	String	指定动画剪辑名，大小写敏感，无扩展名。可省略，默认是默认剪辑
startTime	Number	指定动画开始播放时间，单位秒，可省略，默认为从头开始播放

返回动画状态。

> **注意**　针对不同的动画剪辑，"play"方法在播放新动
> 画剪辑时会停止之前正在播放动画剪辑。
> 对于同一动画剪辑，会针对动画状态做不同的操作，
> 具体如下：
> 停止状态，直接播放剪辑；
> 暂停状态，恢复并继续播放；
> 播放状态，停止当前播放，重头播放。

范例代码如下。

```
var animCtrl = this.node.getComponent(cc.Animation);
animCtrl.play("clip01");
```

8.7.2　暂停、恢复、停止

暂停动画会导致节点停在当前状态，如果是逐帧动画，则精灵会一直保持暂停时所用
图片。暂停 API 如下。

pause (name)

参数如表 8-3 所示。

表 8-3

名称	类型	描述
name	String	指定需要暂停的动画剪辑的名字。可省略，默认当前正在播放动画

没有返回值。

暂停指定名字的动画剪辑，如果省略参数，或者没有找到填入参数对应的动画剪辑，则暂停当前正在播放动画剪辑。

恢复操作和暂停是相反操作。恢复 API 如下。

```
Resume ( name )
```

参数如表 8-4 所示。

表 8-4

名称	类型	描述
name	String	同暂停，可省略，默认当前正在播放动画

没有返回值。

恢复指定名字的动画剪辑，如果省略参数，或者没有找到填入参数对应的动画剪辑，则恢复当前正在播放动画剪辑。

动画暂停与恢复的范例代码如下。

```
var anim = this.getComponent(cc.Animation);
anim.play('clip01');

 // 指定暂停 clip01 动画
anim.pause('clip01');
// 指定恢复 clip01 动画
anim.resume('clip01');
```

停止和暂停不同，停止之后是不可恢复的，再次播放只能重头播放。停止 API 如下。

```
stop ( name )
```

参数如表 8-5 所示。

表 8-5

名称	类型	描述
name	String	同暂停，可省略，默认当前正在播放动画

没有返回值。

停止指定名字动画剪辑，如果省略参数，或者没有找到填入参数对应动画剪辑，则停止当前正在播放的动画剪辑。

动画停止范例代码如下。

```
// 指定停止 clip01 动画
anim.stop('clip01');
```

8.8　小结

本章介绍了 Cocos Creator 中动画系统的用法。

第 9 章
音乐与音效

游戏是一种多媒体的艺术表现形式，一款有趣的游戏如果有一些适合的音频陪伴则会加分不少，同时更有很多以音乐为主体的游戏，所以游戏和音频一直是密不可分的。

游戏中的音频主要分为背景音乐与音效。背景音乐一般时间较长，有时会循环播放，占用较大内存，通常背景音乐不会与其他背景音乐重叠播放；音效一般是较短的声音，配合游戏中内容而触发，比如按钮被点击、射击子弹或被子弹击中等，它占用内存较少，通常与背景音乐一同播放，并有同时播放多个音效的情况。

Cocos Creator 为游戏提供了两种音频播放方式 AudioSource 和 AudioEngine。

本章将介绍 Cocos Creator 中如何处理和播放音频。

本章包括以下能够帮助读者以最快速度上手的教程内容：

- 音频的加载方式；

- 使用 AudioSource 播放；

- 使用 AudioEngine 播放。

9.1　音频的加载方式

此节提及的音频加载方式主要针对网页平台体验效果不同的两种加载方式，与原生平台效果一致，不需要考虑加载方式。

9.1.1　音频格式

音频文件是存储声音的数据文件，通常情况下音频文件涉及部分音频处理技术：编码、解码与压缩等。常见的音频格式有 WAV、MP3 和 WMA 等。

WAV 文件：目前最常见的无损压缩格式，可存储多声道音频数据，但由于文件较大，在移动平台和网页平台不流行。

MP3 文件：一种有损压缩格式，该格式损失的部分通常是人耳无法听到或不敏感的部分。利用 MPEG Audio Layer3 技术，将数据以 1∶10 甚至更高的比例压缩，压缩成容量较小的文件。适用于移动平台和网页平台。

WMA 文件：Windows Media Audio 的缩写，是微软发布的文件格式，也是一种有损压缩格式。和 MP3 特性类似，低比特率时效果比 MP3 更好。

CAFF 文件：Core Audio File Format 的缩写，苹果发布的专门用于苹果设备的无损压缩音频格式，在苹果设备上替代 WAV 的格式。

AIFF 文件：Audio Interchange File Format 的缩写，苹果发布的压缩版 CAFF 文件，适用于苹果移动设备。

MID 文件：一种专业音频文件格式，允许数字合成器和其他设备交换数据。一般为背景音乐格式。

Ogg 文件：一种全新的音频压缩格式，类似于 MP3。Ogg 是完全免费、开放并且没有专利的。压缩过程有多种选项，可选各种音质的压缩比。

其中仅苹果设备建议使用 CAFF 和 AIFF 格式，跨全平台或支持网页平台则建议选择压缩的、容量较小的格式；对音频质量要求高的（比如音乐游戏），建议使用无损格式。

9.1.2　WebAudio 和 DOM Audio

WebAudio 模式是 Cocos Creator 默认的音频加载模式，但目前仍有部分浏览器不支持此种方式，在不支持的浏览器会使用 DOM 方式加载。

WebAudio 模式在引擎内部是将整段声音放在内存中进行加载，兼容性好，问题比较少。缺点是内存占用比较大。

DOM Audio 模式则是通过生成和使用标准的音频元素来播放声音。在某些浏览器上可能会遇到一些限制。比如要求播放音频必须是用户操作事件内（即只能在用户操作后播放音频，不能自动播放），并且只允许播放一个声音资源等。

9.1.3　手动选择加载模式

首先把音频文件导入到 Cocos Creator 的 Asset 文件夹或其子文件夹中，当在 Cocos

Creator 的资源管理器中选中音频文件（在资源管理器中是 ♪ 图标）时，可在属性检查器中选择加载模式，如图 9-1、图 9-2 所示。

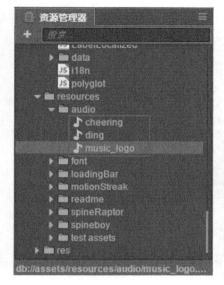

图 9-1

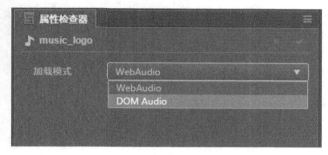

图 9-2

在代码中动态加载音频时，Cocos Creator 会以默认的 WebAudio 模式加载，代码如下。

```
cc.loader.load(cc.url.raw('resources/background.mp3'), callback);
```

如果代码动态加载需要强制按照 DOM 模式加载，代码如下。

```
cc.loader.load(cc.url.raw('resources/background.mp3?useDom=1'), callback);
```

> **注意**　如果使用 DOM 模式加载音频，在 cc.load 的 cache（缓存）中，缓存的 url 也会带有 "?useDom=1"，建议不要直接填写资源的 url，而是尽量在脚本内定义 AudioClip 属性，然后再借助编辑器赋值。

9.2　使用 AudioSource 播放

AudioSource 是 Cocos Creator 提供的简单音频处理方式，适用于一开始就播放背景音乐的场景，也可以做简单的音频剪辑。

9.2.1　AudioSource 组件

在编辑器部分给音频管理节点（或任意其他节点）添加 AudioSource 组件："添加组件"→"添加其他组件"→"AudioSource"，成功之后如图 9-3 所示。

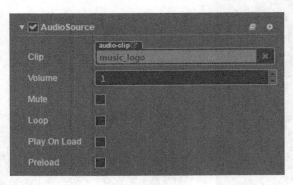

图 9-3

编辑器面板属性与说明，如表 9-1 所示。

表 9-1

属性	说明
Clip	音频资源剪辑
Volume	音量大小，0~1 之间，1 代表 100%
Mute	是否静音音频源。Mute 核心是设置音量为 0，取消静音是恢复原来的音量
Loop	音频源是否循环播放
Play on load	加载完成是否立即播放
preload	是否在未播放的时候预先加载

9.2.2　AudioSource API

除编辑器面板外，AudioSource 也提供了丰富的 API 供开发者剪辑、播放音频，主要 API 如表 9-2 所示。

表 9-2

名称	类型	说明
isPlaying	Boolean	该音频剪辑是否正播放（只读接口） 注意：原生平台暂时不支持 isPlaying

续表

名称	类型	说明
clip	AudioClip	默认要播放的音频剪辑
volume	Number	音频源的音量（0.0～1.0）
mute	Boolean	是否静音音频源。Mute 核心是设置音量为 0，取消静音是恢复原来的音量
loop	Boolean	音频源是否循环播放
playOnLoad	Boolean	如果设置为 true，音频源将在 onLoad 时自动播放
play	Function	播放音频剪辑
stop	Function	停止当前音频剪辑
pause	Function	暂停当前音频剪辑
resume	Function	恢复播放
rewind	Function	从头开始播放
getCurrentTime	Function	获取当前的播放时间，返回值为 Number，单位：秒
setCurrentTime	Function	设置当前的播放时间，参数值为 Number，单位：秒
getDuration	Function	获取当前音频的长度，返回值为 Number，单位：秒

使用 AudioSource 播放案例

利用 AudioSoucre 制作一个简单的音乐播放器，提供播放、停止、暂停、继续及跳转到指定时间（音乐结束之前）播放等功能的一个案例。步骤如下。

（1）新建并打开场景 "AudioSourceScene"。

（2）在场景中新建一个 Slider（滑动条）作为播放器的进度条，一个 Label（标签）作为时间显示，4 个按钮分别为：播放、停止、暂停和继续。为了方便工作，在编辑器中对这些节点重命名为容易记忆的名字，并摆放到一个比较美观的位置，如图 9-4 所示。

（3）添加一个空节点，命名为 "AudioSource"，并添加 AudioSource 组件："添加组件" → "添加其他组件" → "AudioSource"。如图 9-5 所示。

（4）添加一些音频文件到项目中（可以从 Cocos Creator 的范例模板中找资源），并把一首较长的音频资源拖曳到 AudioSource 组件的 Clip 成员中，并且勾选 Preload 选项，如图 9-6 所示。

图 9-4

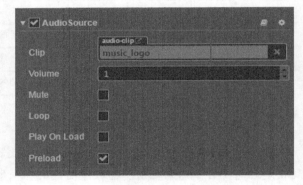

图 9-5   图 9-6

 注意   AudioSource 中音频文件未加载完成之前是不能正确读取到音频长度的。为了能在任何时间都能读取到音频长度并计算播放百分比，这里必须勾选 Preload。

（5）新建并编辑脚本"AudioSourceScript"，代码内容如下。

```
cc.Class({
    extends: cc.Component,

    properties: {
        audioSource: {
            type: cc.AudioSource,
```

```
                default: null
            },
            label: {
                type: cc.Label,
                default: null
            },
            slider:{
                type: cc.Slider,
                default: null
            }
        },

        // use this for initialization
        onLoad: function () {
            this.label.string = ' -- / --';
            this.slider.progress = 0;
        },

        update: function () {
            var audio = this.audioSource;
            this.label.string = audio.getCurrentTime().toFixed(1) + ' s / ' +
audio.getDuration().toFixed(1) + ' s';
            this.slider.progress = audio.getCurrentTime()/audio.getDuration();
        },

        play: function () {
            this.audioSource.play();
        },

        pause: function () {
            this.audioSource.pause();
        },

        stop: function () {
            this.audioSource.stop();
        },

        resume: function () {
            this.audioSource.resume();
        },

        didSliderSlided:function(slider){
            var t = slider.progress * this.audioSource.getDuration();
```

```
            this.audioSource.setCurrentTime(t);
      }
});
```

　　代码第 5 行至第 8 行，成员变量 "this.audioSource" 就是此案例的主角，在代码中并未赋值，稍后会在编辑器中通过拖曳赋值。代码第 25 行至第 29 行，Update 保证 Slider 和 Label 的内容实时并且正确。代码第 31 行至第 50 行，一系列的方法都是按钮或者滑动条的事件响应函数。

> **注意**　在 onLoad 中并没有读取音乐长度，而是给了一个其他初值 "this.label.string = ' -- / --'"，原因是在此脚本 onLoad 时，AudioSource 中的音频文件有可能没有加载完，所以要避免因为不能读取到正确的长度而导致错误。

　　（6）将 "AudioSourceScript" 脚本添加到 "Canvas" 中，并把 AudioSource 节点、滑动条节点和标签节点分别赋值到组件对应的成员，如图 9-7 所示。

　　（7）将各个按钮的点击事件分别注册为合适的回调函数，如图 9-8 所示。

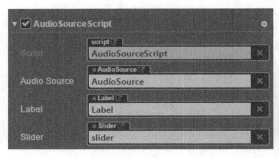

图 9-7　　　　　　　　　　　　　　　　　　图 9-8

　　（8）将滑动条的滑动事件回调注册为 "AudioSourceScript" 脚本的 "didSliderSlided" 方法，如图 9-9 所示。

　　（9）保存、编译并运行预览。验证是否可以正确播放、停止、暂停、继续，正常显示播放时间和总时长，滑动条正确表示播放进度比，通过拖动调整播放位置等。如图 9-10 所示。

　　（10）小结：通过上述案例，展示了 AudioSource 基础操作，包括播放、停止、暂停、继续和从指定位置开始等。

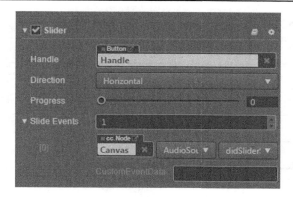

图 9-9

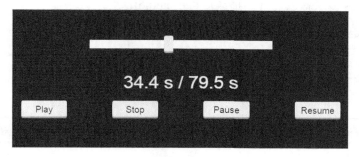

图 9-10

9.3　使用 AudioEngine 播放

　　AudioEngine 和 AudioSource 都能播放音频文件，但是 AudioEngine 没有组件化，不能提供类似 AudioSource 不写代码就可以在一些场景开始就循环播放某音频文件的功能，但是 AudioEngine 非常擅长音频同时大量地播放与管理。AudioSource 适合播放背景音乐，而 AudioEngine 适合播放音效。

AudioEngine 的 API

　　AudioEngine 是 cc 模块的静态成员，也是单例对象。主要用来播放音频，播放的时候会返回 audioID，之后通过此 audioID 可操作这个音频对象。

　　其中主要的 API 如下所示。

- 播放指定音频：

```
play ( filePath,  loop,  volume )
```

参数如表 9-3 所示。

表 9-3

名称	类型	描述
filePath	String	文件路径与文件名，其中不包括文件的扩展名
loop	Boolean	是否循环播放
volume	Number	音量，同 AudioSource 音量

返回值类型为 Number。返回音频 audioID，AudioEngine 可以同时播放多个音频文件或者一个音频文件多次播放，开始播放后可用 audioID 管理。

- 停止指定 audioID 音频：

stop (audioID)

参数如表 9-4 所示。

表 9-4

名称	类型	描述
audioID	Number	音频 ID

无返回值。

- 设置指定 audioID 音频循环：

setLoop (audioID, loop)

参数如表 9-5 所示。

表 9-5

名称	类型	描述
audioID	Number	音频 ID
loop	Boolean	是否循环播放

无返回值。

- 暂停指定 audioID 音频：

pause (audioID)

参数如表 9-6 所示。

表 9-6

名称	类型	描述
audioID	Number	音频 ID

无返回值。

- 暂停所有音频：

pauseAll ( )

无参数。无返回值。

- 继续指定 audioID 音频：

resume (audioID)

参数如表 9-7 所示。

表 9-7

名称	类型	描述
audioID	Number	音频 ID

无返回值。

- 继续所有音频：

resumeAll ( )

无参数。无返回值。

- 设置一个音频可以同时播放实例数量：

setMaxAudioInstance (num)

参数如表 9-8 所示。

表 9-8

名称	类型	描述
num	Number	一个音频可被同时播放的实例数量

无返回值。

- 获取一个音频可以同时播放实例数量：

```
getMaxAudioInstance ( )
```

无参数。返回值类型为 Number。返回获取一个音频可以同时播放实例数量。

- 从内存中卸载预加载的音频：

```
uncache ( filePath )
```

参数如表 9-9 所示。

表 9-9

名称	类型	描述
filePath	String	文件路径与文件名，其中不包括文件的扩展名，和 play 中的 filePath 对应

无返回值。

- 从内存中卸载所有音频：

```
uncacheAll ( )
```

无参数。无返回值。

- 获取指定 audioID 音频状态：

```
getState ( audioID )
```

参数如表 9-10 所示。

表 9-10

名称	类型	描述
audioID	Number	音频 ID

返回类型为 audioEngine.AudioState。返回指定音频状态，返回类型是个枚举，枚举规定如下。

```
ERROR : -1,
INITIALZING: 0,
PLAYING: 1,
PAUSED: 2
```

 注意 播放至音频结尾自动停止播放后或手动调用停止之后，音频将进入错误状态，代表 AudioEngine 不再管理这些音频。

使用 AndioEngine 播放案例

利用 AndioEngine 来播放并管理多个音频的案例。

（1）新建并打开场景"audioEngineScene"。

（2）在场景中建立一个 Label 和 4 个按钮，并分别把名字和按钮上的 Label 内容改为："Play""Stop All""Pause All"和"Resume All"，并以相对美观的方式摆放到画布上。如图 9-11 所示。

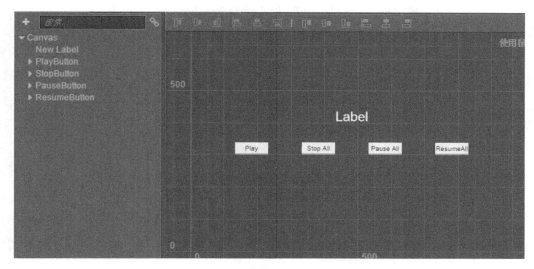

图 9-11

（3）新建并编辑脚本"audioEngineScript"，代码如下。

```
cc.Class({
    extends: cc.Component,

    properties: {
        audio: {
            url: cc.AudioClip,
            default: null
        },
        label: {
            type: cc.Label,
            default: null
        }
    },
```

```
onLoad: function () {
    this.maxNum = cc.audioEngine.getMaxAudioInstance();
    this.audioPool = [];
},

update: function () {
    if (!this.label) return;
    for (var i=0; i<this.audioPool.length; i++) {
        var id = this.audioPool[i];
        var state = cc.audioEngine.getState(id);
        if (state < 0) {
            this.audioPool.splice(i, 1);
            i--;
        }
    }
    this.label.string = 'Instance: ' + this.audioPool.length + ' / ' +
    this.maxNum;
},

play: function () {
    if (!this.audio) return;
    var id = cc.audioEngine.play(this.audio, false, 1);
    this.audioPool.push(id);
},

stopAll: function () {
    if (!this.audio) return;
    cc.audioEngine.stopAll();
},

pauseAll: function () {
    if (!this.audio) return;
    cc.audioEngine.pauseAll();
},

resumeAll: function () {
    if (!this.audio) return;
    cc.audioEngine.resumeAll();
},
});
```

代码第 5 行至第 8 行，此案例只支持播放一段音频。代码第 33 行至第 37 行，play 为开始播放方法。每调用一次 play 就会多播放一次，如果之前的音频没有播放完成，那么会叠加播放。

代码第 17 行声明并初始化了 this.audioPool(音频池)对正在播放的音频实例进行管理，代码第 36 行，play 方法中对 this.audioPool 做了添加，其他用户操作均未改变 this.audioPool 的内容，但直接改变了音频实例状态。代码 26 行，统一在 update 中对 this.audioPool 里状态异常的正在播放的音频实例（其实是已经播放完成或者被停止的音频实例）进行删减。

> **注意**　AudioEngine 播放的时候，需要注意这里传入的是完整的 url（与 res 路径稍有不同）。所以不建议在 play 接口内直接填写音频的 url 地址，而是推荐读者以上述代码方式（代码第 5 行至第 8 行）先定义一个 AudioClip，然后在编辑器内将音频拖曳过来。

在编辑器中将指定音频绑定到 audio 后，即可在后文直接调用 "cc.audioEngine.play(this.audio, false, 1);"。

（4）将脚本添加到 "Canvas" 节点上，并将素材音频与 "Label" 分别绑定到合适的成员变量中，如图 9-12 所示。

（5）将各个按钮组件添加到正确的点击事件自定义回调中，如图 9-13 所示。

图 9-12

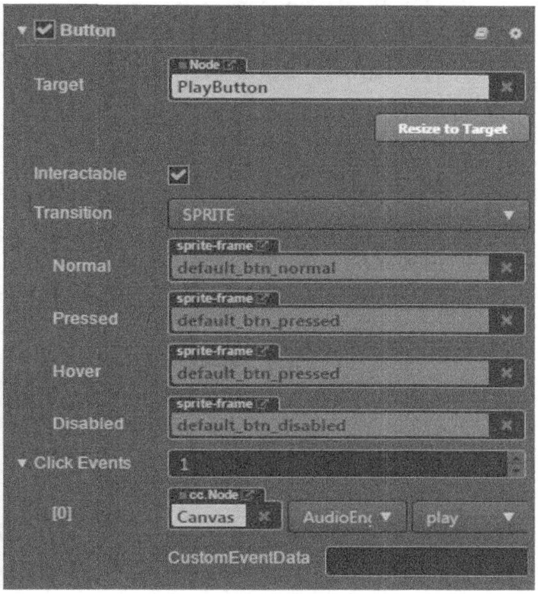

图 9-13

（6）保存、编译并运行预览，记得打开声音。单击 "Play" 按钮，将开始播放音频。如果在音频未播放完时再次点击 "Play" 按钮，音频将重叠播放，提示 "Label" 内容也将对应变化，统计同时播放音频的数量。单击 "Stop All" 按钮将停止所有音频。单击 "Pause All" 按钮与 "Resume All" 按钮会暂停或继续所有音频，但是由于并未改变正在播放音频的数量，提示 "Label"内容将不会改变。如图 9-14 所示。

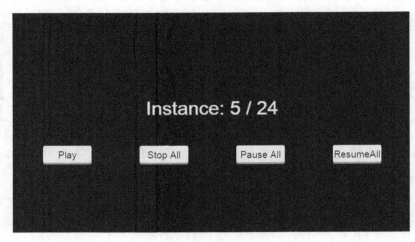

图 9-14

等到音频纷纷播放完成后，Instance 数量会重新回到 0。

（7）小结：通过上述简单案例，展示了 AudioEngie 的基础用法，包括播放、停止、暂停与继续等。简单实现了用数组管理所有正在播放音频的功能。

9.4　小结

本章介绍了 Cocos Creator 引擎在不同平台上支持的音频文件格式，还介绍了 AudioSource 和 AudioEngine 两种播放方式。

第 10 章
调试与发布

本章将介绍如何有效地调试 Cocos Creator 程序，包括网页版本调试和原生平台调试。以 JavaScript 为例，在 Cocos Creator 中用脚本语言编写逻辑，当运行在原生平台上时需要经过 JSB 绑定，然后调用原生 C++引擎代码，再由 Cocos 原生引擎去调用原生平台库来运行。虽然上层代码一致，但中间与底层实现有差异，可能会导致网页浏览器版本与原生版本运行效果不同的地方或其他错误。所以开发者需要在所有目标发布平台上做测试与调试。

本章还将介绍如何将制作完成或阶段性完成的成品发布至多平台。当游戏基本制作完成或进入验收节点时，通常会将现阶段开发成果发布到目标平台进行真机测试。Cocos Creator 支持多平台快捷发布，包括原生平台 iOS 和 Android、网页平台 HTML5、桌面平台 Windows 和 MacOS，以及微信小游戏平台等。

针对微信的相关调试与发布请参照第 11 章。

本章包括以下能够帮助读者以最快速度上手的教程内容：

- 网页平台调试；
- 原生平台调试；
- 网页平台发布；
- 原生平台发布。

10.1 网页平台调试

调试中常见的 3 种方式为调试打印、运行时报错与断点调试。下面介绍 Cocos Creator 中这 3 种方式，主要利用的工具是在 4.1 节介绍过的"VS Code"与"Chrome 浏览器"，与原生平台相同。

10.1.1　调试打印

Cocos Creator 中所有的标准输出包括其提供的各种输出接口，如：cc.log、cc.info、cc.warn 和 cc.error 等。本节以 cc.log 为例，下同。在需要调试打印的位置加入日志输出，代码如下。

```
cc.log("hello");
```

调试中经常出现类似代码，只需在输出位置看到"hello"字样打印，便知道程序运行情况了。

网页平台有两种方式查看标准输出或报错。

VS Code 方式：参照如下步骤进行调试打印配置与查看。

（1）配置 VS Code 的调试配置。在需要调试的项目中，单击 Cocos Creator 菜单栏中"开发者"→"VS Code 工作流"→"添加 Chrome Debug 配置"，如图 10-1 所示。

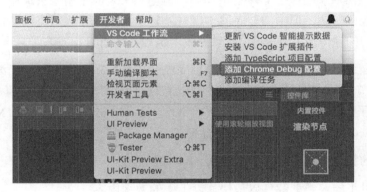

图 10-1

当 Cocos Creator 控制台输出一行绿色文字 "Chrome debug setting has been updated to .vscode/launch.json…" 代表配置成功，如图 10-2 所示。

图 10-2

（2）在 VS Code 中打开此项目文件夹，并在最左侧选择 "🌀" 功能按钮，并在调试部分选择 "Creator Debug: Launch Chrome"，并单击 " ▶ " 按钮运行调试。如图 10-3 所示。

注意 必须打开 Cocos Creator 的 assets 目录的上一级目录，保证 VS Code 打开的文件夹中 ".vscode" 文件夹是被打开文件夹的一级子目录，并且唯一（只有一个名为 ".vscode" 的文件夹）；否则 VS Code 将因无法找到正确的配置文件而无法正常工作。

如果没有 "Creator Debug: Launch Chrome" 选项，请参照 4.1 节对应部分。

（3）在 VS Code 的调试控制台查看，可以看到前文中添加的调试打印。如图 10-4 所示。

图 10-3   图 10-4

Chrome 方式：请参照如下步骤进行调试打印配置与查看。

（1）用 Chrome 浏览器打开预览，在 Cocos Creator 中直接选择 "浏览器" 并单击 "▶" 按钮或用其他方式，比如上面提到的 VS Code 启动方式。无论如何启动，只要内容出现在 Chrome 浏览器内预览即可。

（2）在浏览器窗口中空白处（非画布 Canvas 内）单击鼠标右键，选择 "检查" 按钮。

（3）在检查窗口中选择 "Console" 标签，查看调试打印。如图 10-5 所示。

10.1.2 运行时报错

由于 Cocos Creator 采用解释型脚本编写主要游戏逻辑，会存在大量的运行时检查，导致部分代码逻辑错误可以通过编译检查，但是在运行时会出错。这是 Cocos Creator 调试过程中常见的问题。

图 10-5

首先，在"Hello World"项目中的脚本内写如下代码。

```
1. onLoad: function () {
2.     this.label.string = this.text;
3.     hello = "string";
4. },
```

注意代码第 3 行，"hello"是一个之前从未声明的变量，在这里直接对它赋值。这种写法在 JavaScript 语法检查里是合法的，编译器的编译过程也不会报错，但是运行时这个代码错误会导致程序不能正常运行。

通过以下两种方式来查看运行时报错："VS Code 方式"和"Chrome 方式"。

- VS Code 方式

确保编译新代码后（参照 4.1 节对应部分），用 VS Code 运行项目，步骤同 10.1.1 中 VS Code 方式。预览过程中浏览器预览窗口被暂停，由于本例中把错误代码写在 onLoad 中，所以被暂停在最初的读取进度条部分，并提示"Paused in Visual Studio Code"，如图 10-6 所示。

这时查看 VS Code，其在出错的位置截停了程序运行并指出错误所在，原因是"hello 变量没有提前定义导致的"，如图 10-7 所示。

图 10-6

```
13        // use this for initialization
14        onLoad: function () {
15            this.label.string = this.text;
16            hello = "hello";
```
发生异常: ReferenceError
ReferenceError: hello is not defined
```
    at HelloWorld.onLoad (/Users      /Documents/work/creator/HelloWorld/assets/Script/HelloWorld.js:16:9)
    at CCClass.eval [as _invoke] (eval at createInvokeImpl (http://localhost:7456/app/engine/bin/cocos2d-js-for-preview.js:13845:51),
<anonymous>:3:65)
    at CCClass.invoke (/Users      /Documents/work/creator/HelloWorld/app/engine/bin/cocos2d-js-for-preview.js:13787:15)
    at CCClass.activateNode (/Users      /Documents/work/creator/HelloWorld/app/engine/bin/cocos2d-js-for-preview.js:27266:24)
    at cc_Scene._activate (/Users      /Documents/work/creator/HelloWorld/app/engine/bin/cocos2d-js-for-preview.js:10520:37)
    at TheClass.runSceneImmediate (/Users      /Documents/work/creator/HelloWorld/app/engine/bin/cocos2d-js-for-preview.js:8191:18)
    at /Users      /Documents/work/creator/HelloWorld/app/editor/static/preview-templates/boot.js:378:38
    at CCLoader.<anonymous> (/Users      /Documents/work/creator/HelloWorld/app/engine/bin/cocos2d-js-for-preview.js:29870:24)
    at /Users      /Documents/work/creator/HelloWorld/app/engine/bin/cocos2d-js-for-preview.js:25442:33
    at /Users      /Documents/work/creator/HelloWorld/app/engine/bin/cocos2d-js-for-preview.js:34783:12
```

图 10-7

在报错部分除了详尽地说明了错误所在位置和错误原因以外，还在下方提供了错误在运行时的堆栈，以供用户查找问题。

如果此时希望忽略此报错，强制继续运行，VS Code 会将报错信息打印到它的调试控制台，如图 10-8 所示。

> **注意** 一旦出现错误，此代码域内的剩余代码将不能继续执行。根据编译器与运行环境不同，结果可能不同。一旦出现运行效果与设计不一致，请优先查看是否运行时有报错。

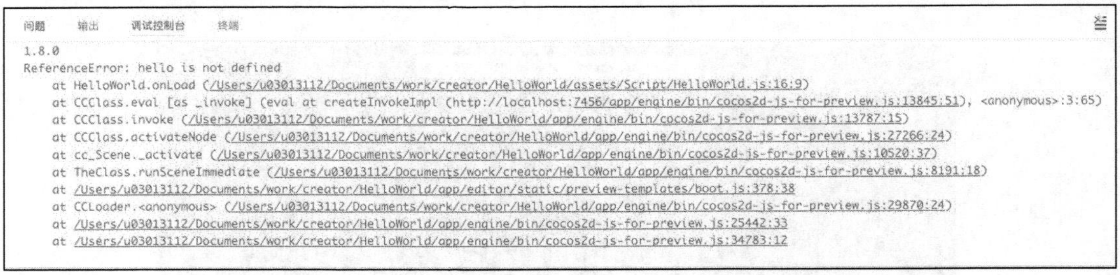

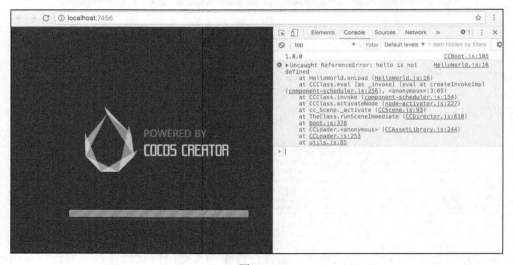

图 10-8

- Chrome 方式

同 10.1.1 中 Chrome 方式，只要是用 Chrome 运行预览即可。在浏览器窗口中空白处（非画布 Canvas 内）单击鼠标右键，选择"检查"按钮。在检查窗口中选择"Console"标签，和调试打印位置相同，程序的所有报错信息（标准报错）都会显示在这里。如图 10-9 所示。

图 10-9

在报错堆栈右侧，有堆栈对应文件名与行号，并且以超链接的形式出现，单击可以快速跳转至打印代码所在位置。

10.1.3　断点调试

断点调试是单线程程序最高效的调试方法，可以通过断点截停程序，单步运行，并查看运行堆栈中的变量值。网页平台推荐使用 VS Code 断点调试方式。

首先，写一段简单的代码，仍然是修改之前的"Hello World"项目，代码如下。

```
1. onLoad: function () {
2.     var sum = 0;
3.     for(var i=0;i!=100;++i){
4.         sum += i;
5.     }
6.     this.label.string = this.text + sum;
7. },
```

代码的第 2 行至第 5 行，完成了一个简单的循环累加。调试时在 for 循环的位置打断点，在 VS Code 编辑器行号的左侧单击鼠标左键，会产生一个红色的圆点，代表断点生效，如图 10-10 所示。

```
13        // use this for initialization
14        onLoad: function () {
15            var sum = 0;
16            for(var i=0;i!=100;++i){
17                sum += i;
18            }
19            this.label.string = this.text + sum;
20        },
```
断点

图 10-10

在 VS Code 中运行调试。效果和 10.1.2 中运行报错的效果类似，预览浏览器会停止运行，并提示 "Paused in Visual Studio Code"。

VS Code 进入断点状态时，在调试窗口中可以查看堆栈中的变量、自定义监视内容、调用堆栈和断点信息等。如图 10-11 所示。

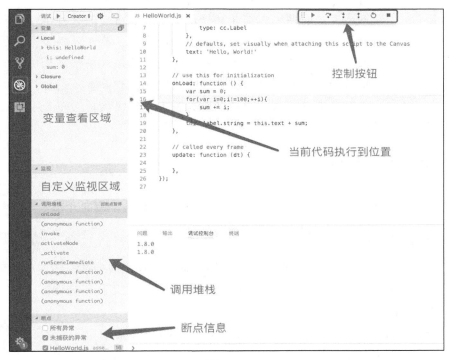

图 10-11

变量查看区域：可查看或修改目前运行的有效变量名称与变量值，直接双击变量值即可对其进行修改。

自定义监视区域：自定义添加、修改或删除指定名称的变量，如果自定义变量在当前上下文无效则会显示值为"undefined"。这是非常方便的问题跟踪工具。

调用堆栈：当前运行状态调用堆栈，第一行为目前运行位置，往下依次为调用关系，以及可通过单击跳转至堆栈所在源码位置。

断点信息：配置 VS Code 对断点或异常的处理，可通过在代码中鼠标点选添加断点，也可通过此处手动添加、修改或删除断点。

控制按钮：从左向右依次为"继续""单步跳过""单步调试""单步跳出""重启"和"停止调试"。

由于 Cocos Creator 借助 VS Code 进行调式，纯粹的 VS Code 内容这里不再赘述。更多的断点调试内容请参照 VS Code 的调式相关内容。

注意　由于网页平台调式采用的是 Attach 调试方法，可能会出现暂时的调式代码与运行代码不同步或调试状态与运行状态不同步的情况，也可能出现调试打印没有如期出现或断点没有被截停的情况。要在代码修改完成或断点改变完成后稍等片刻，确保代码信息已同步后再开始调试。如果已经出现了上述异常，通常直接刷新网页或重新开始调试便可以解决类似问题。

10.2　原生平台调试

原生平台调试同样从调试打印、运行时报错和断点调试 3 个方面介绍。

10.2.1　调试打印

调试打印的代码部分和网页平台一致，调用任何标准输出或标准报错接口均可进行，这里建议使用 Cocos 系列接口，详见 10.1.1 节。此处仍然以如下代码为例。

```
cc.log("hello");
```

打印查看方式根据平台不同，步骤和显示位置也不尽相同。

模拟器调试：模拟器调试打印可直接在 Cocos Creator 的控制台部分输出，带有

"Simulator: JS:"前缀。如图 10-12 所示。

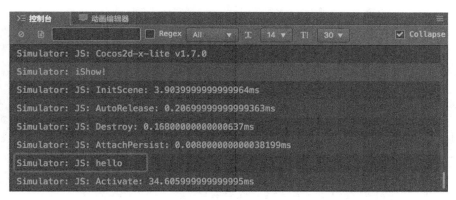

图 10-12

图 10-12 显示，在模拟器运行时，游戏默认有大量打印。建议调试时给指定调试打印加入自定义前缀或标签，然后在控制台进行关键字过滤，以便可快速找到自定义调试打印，提高调试效率。

Android 调试：首先构建 Android 平台版本项目，详见 10.4.2。然后用 Android Studio 打开项目文件并编译运行项目。由于 Cocos Creator 会调用较多底层渲染接口，推荐使用真机调试而不建议使用 Android 模拟器调试，真机调试会在 Logcat 窗口输出，并带有"JS:"前缀。

iOS 调试：首先构建 iOS 平台版本项目，详见 10.4.3。然后用 XCode 打开项目文件并编译运行项目。无论 iOS 模拟器还是真机，均在 XCode 输出窗口输出，并带有"JS:"前缀，如图 10-13 所示。

```
JS: Cocos2d-x-lite v1.7.0
2018-01-08 22:55:06.213 hello-mobile[72225:9485482] cocos2d: surface size: 750x1334
JS: Create unpacker 05dd1dc0e for 2dL3kvpAxJu6GJ7RdqJG5J
cocos2d: QuadCommand: resizing index size from [-1] to [2560]
2018-01-08 22:55:06.272 hello-mobile[72225:9485482] cocos2d: surface size: 750x1334
libpng warning: iCCP: known incorrect sRGB profile
JS: LoadScene 2dL3kvpAxJu6GJ7RdqJG5J: 182.26300000000003ms
JS: InitScene: 7.576000000000022ms
JS: AutoRelease: 0.3449999999999136ms
JS: Destroy: 0.16399999999998727ms
JS: Success to load scene: db://assets/Scene/helloworld.fire
JS: AttachPersist: 0.013999999999896318ms
JS: hello
JS: Activate: 45.125999999999976ms
2018-01-08 22:55:22.930861+0800 hello-mobile[72225:9486049] [Common] Terminating since there is no system app.
Message from debugger: Terminated due to signal 15
```

图 10-13

与模拟器相似，建议添加自定义前缀或标签，然后在控制台进行关键字过滤。

> **注意**   如果使用 CC 系列输出，原生平台调试打印需要
> 在构建发布时勾选调试模式（默认关闭），否则将无
> 法查看。更多原生发布详情参考 10.4.2。

10.2.2   运行时报错

原生平台与网页平台类似，运行时报错和调试打印在一起。在此仍然以 10.1.2 相同例子，在"Hello World"项目中加入如下代码。

```
1. onLoad: function () {
2.     this.label.string = this.text;
3.     hello = "hello";
4. },
```

以模拟器为例，其他原生平台类似，不再赘述。

Cocos Creator 的控制台会输出出错消息，如图 10-14 所示。

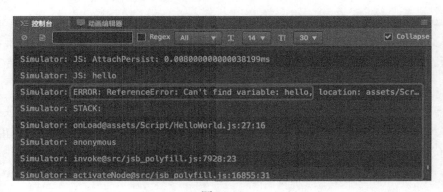

图 10-14

和网页平台非常类似，出错消息包括错误类型、错误解释、错误位置（文件名与行号）以及错误时的调用堆栈。

10.2.3   断点调试

由于 Cocos Creator 架构所限，原生平台执行代码为脚本绑定（JSB）调用 C++代码，所以难以直接进行断点调试。目前 Cocos Creator 推荐开发者在 Windows 平台使用 Chrome 远程调试方式，在 MacOS 上采用 Safari 远程调试方式。Cocos Creator 1.5 之前版本的 "project.dev.js" 方式已不再使用。

注意 原生远程调试方式统一采用 Attach 方式，所以只能调试初始化之后的内容，如果有必要，可以制作临时场景为 Attach 提供时机。

1．Windows 模拟器断点调试步骤

（1）用 Cocos Creator 直接编译并启动模拟器，保持模拟器与游戏的运行状态。

（2）用 Chrome 浏览器打开如下链接。chrome-devtools://devtools/bundled/inspector.html?v8only=true&ws=127.0.0.1:5086/00010002-0003-4004-8005-000600070008

（3）在 chrome-devtools 界面中的"Sources"标签页中查看脚本源码，并添加断点。右侧为断点调试工具，下方为串口输出。如图 10-15 所示。

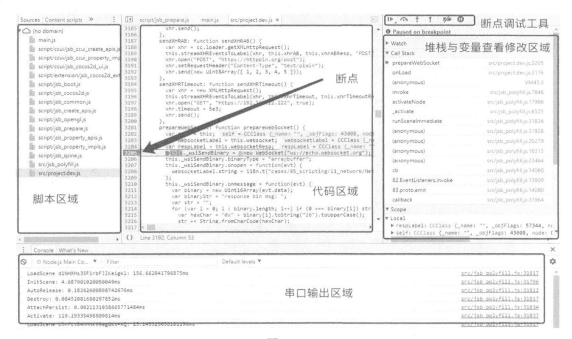

图 10-15

chrome-devtools 还提供了"JS HEAP"（内存泄漏检查）与性能检测等高级调试工具。具体调试方式读者可自行参考"chrome-devtools"调试方式。

2．Android 平台断点调试步骤

（1）确保 Android 设备与调试（开发）设备在同一局域网内或可相互访问。

（2）用 Cocos Creator 编译运行游戏。

（3）用 Chrome 浏览器打开如下链接。chrome-devtools://devtools/bundled/inspector.html?
v8only=true&ws=DeviceIP:5086/00010002-0003-4004-8005-000600070008

其中"DeviceIP"替换为可访问的 Android 设备的 IP 地址。

（4）界面与操作同模拟器断点调试。

3．iOS 平台断点调试步骤

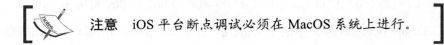

注意 iOS 平台断点调试必须在 MacOS 系统上进行。

（1）打开 iOS 设备的"设置"→"Safari"→"高级"→"Web 检查器"。这是 MacOS
可通过 Safari 对 iOS 设备进行远程调试的开关。如图 10-16 所示。

图 10-16

（2）为 Xcode 工程添加 entitlements 文件，如果 entitlements 存在，则跳过此步骤。将
工程的"Capabilities"设置中的"App Sandbox"开关打开，然后再关闭，entitlements 文件
会自动被添加进工程。如图 10-17 所示。

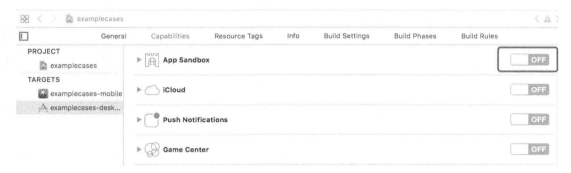

图 10-17

（3）确保"Build Setting"→"Code Signing Entitlemenets"选项中包含项目中的 entitle-ments 文件（默认会自动设置，但请务必检查，如不包含此文件将出现编译报错）。如图 10-18 所示。

图 10-18

（4）打开项目中的 entitlements 文件，添加新的键"com.apple.security.get-task-allow"，值类型为"Boolean"，值为"YES"。如图 10-19 所示。

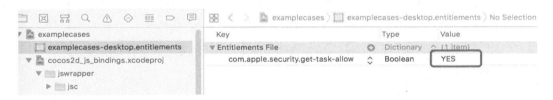

图 10-19

（5）设置正确的开发者、代码签名与证书。

（6）编译并运行游戏。（与正常 iOS 调试一致，要求 iOS 设备通过数据线连接。）

（7）Safari 菜单中选择"开发"→"测试机 iPhone 设备名称"→"Cocos2d-x JSB"选项。Safari 会打开"Web Inspector"页面，可进行断点调试。如图 10-20 所示。

与 Chrome 的远程调试类似，Safari 远程调试也提供了大量的高级功能，读者可自行参考"Safari Remote Web Inspector"。

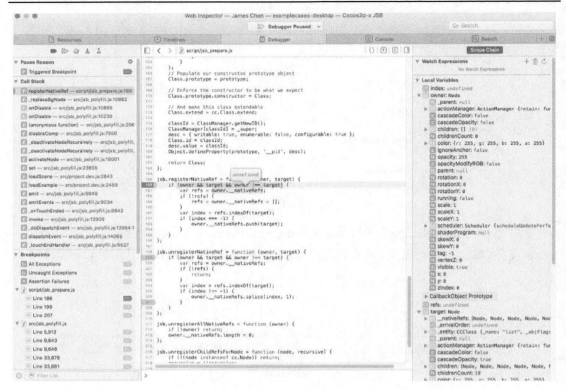

图 10-20

 注意　如果 Safari 没有"开发"菜单，需要打开 Safari 的"偏好设置"→"高级"→"显示开发者选项"进行设置。

10.3　网页平台发布

网页平台发布分为两个部分，项目发布与网页服务搭建。其中网页服务搭建部分不属于 Cocos Creator 范畴，不在此赘述。

10.3.1　发布步骤

（1）打开需要发布的项目。

（2）选择 Cocos Creator 菜单中"项目"→"构建发布…"选项，弹出构建发布窗口，如图 10-21 所示。

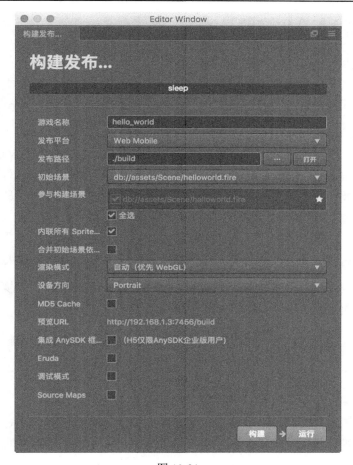

图 10-21

（3）在发布平台选项中选择"Web Mobile"或"Web Desktop"。两个选项具体区别与其他选项详见 10.3.2 节。

（4）选择合适的发布路径，默认为".build"。

（5）单击"构建"按钮，等待构建完成。

（6）可选步骤，单击"运行"按钮预览构建效果。

（7）将构建好的目录中的"web-mobile"目录全部内容放置在合适的网页服务上，其中"web-mobile/index.html"是网页平台入口。关于网页服务的架设，可以自行搜索 Apache、Nginx、IIS 或 Express 等相关解决方案。

（8）在各种浏览器中查看发布结果。

10.3.2　构建发布选项详解

构建发布界面选项，如图 10-21 所示，从上至下依次解释。

游戏名称： 浏览器标题栏会显示游戏名称，不支持中文。只支持大小写字母、数字和下划线。其他特殊符号可能会有部分平台不支持不建议使用，比如 Android 平台不支持中划线（减号）。

发布平台： "Web Mobile"和"Web Desktop"都是在网页平台 HTML5 平台发布。顾名思义，"Web Mobile"更加适合移动端网页平台发布，"Web Desktop"更加适合桌面网页平台发布。主要区别在于"Web Mobile"会对浏览器分辨率做适配，默认将游戏画布填充整个浏览器窗口，并且针对移动设备做了设备旋转选择，支持竖屏（Portrait）、横屏（Landscape）和自由旋转（Auto）；而"Web Desktop"是在构建发布窗口中设定游戏预览分辨率，运行时游戏画布会一直保持预览分辨率，不会随着浏览器窗口大小变化而变化。

发布路径： 发布文件存放地址，可以写绝对路径或相对路径。如果填入相对路径，则是项目根目录相对路径，即 Asset 上一级目录。

 注意　发布路径不能为项目 Asset 目录的子目录，否则会引起循环编译等问题。不能在 Cocos Creator 的安装目录。

初始场景： 如果游戏拥有多个场景，则需要指定一个开始场景，默认为正在打开场景。可以通过此选项进行设置，也可以通过项目设置中设定初始场景来改变默认值。

参与构建场景： Cocos Creator 允许游戏中部分场景不参与构建。其中初始场景必须在构建场景中，并且必须有至少一个构建场景才可以构建发布。其中黄色五角星标记代表初始场景，通过场景左侧的 CheckBox 可勾选参与构建的场景。

内联所有 SpriteFrame： 自动合并资源时，会将所有 SpriteFrame 与被依赖的资源合并到同一个包中。建议网页平台开启，启用后会略微增大总包体积，多消耗一些网络流量，但是能显著减少网络请求数量。但建议原生平台关闭，因为会增大热更新时的体积。

合并初始场景依赖的所有 JSON： 自动合并资源时，会将初始场景依赖的所有 JSON 文件都合并到初始场景所在的包中。默认关闭，启用后不会增大总包体，但如果这些 JSON 也被其他场景公用，则后面再次加载它们时 CPU 开销可能会稍微增加。

渲染模式： WebGL 与 Canvas 两种 HTML5 核心渲染技术的选择，Cocos Creator 中建议使用 WebGL。核心渲染技术差异读者可自行查阅。

MD5 Cache：为资源文件添加校验，解决 CDN 资源缓存问题。核心方式是在资源文件的文件名中添加 MD5 信息。可有效解决网页版本热更新资源不变的问题，建议勾选。

 注意 启用后，如果出现资源加载不了的情况，说明找不到重命名后的新文件。这通常是因为有些第三方资源或自定义代码没通过 cc.loader 加载引起。这时可以在加载前先用以下方法转换 URL，转换后的路径就能正确加载。代码如下。
url = cc.loader.md5Pipe.transformURL(url);

预览 URL：通过此 URL 可进行预览，建议本机预览使用或者同局域网内预览使用。如果是 NAT 网路或者其他复杂拓扑可能无法正常预览。

Eruda：插入"Eruda"调试插件，Eruda 是移动端网页调试利器。如果需要调试，可以开启"调试模式"和"Source Maps"的选项，这样构建出的版本会保留"Source Maps"，但是包体会变大。

10.4 原生发布

10.4.1 Android 原生开发环境配置

Cocos Creator 架构仍然使用基于 Cocos2d-x 引擎的 JSB 技术实现多平台原生游戏发布。所以在使用 Cocos Creator 原生发布之前，需要先配置好其他平台原生开发所需的开发环境。

如果项目没有发布到 Android 平台的需求或已有完整 Android 开发环境请忽略本节内容。

（1）下载 Java SDK，以下简称 JDK

编译 Android 原生平台游戏需要 JDK 支持，可去官方网页下载。

下载并安装后，检查 Java 环境，在 MacOS 终端或者 Windows 命令行工具中输入下面代码来查看。

```
1. java -version
```

正确显示 Java SE 版本号为安装并配置完成。写作此书时 Cocos Creator 为 1.8 版本，建议使用 8.0 系列 JDK。

注意　Windows 平台需要检查并配置 JAVA_HOME 环境变量，请确认你的环境变量中包含 JAVA_HOME，可以通过右键单击"我的电脑→选择属性→高级选项卡"来查看并修改环境变量。Windows 平台可能需要重启电脑才会生效。此部分详细请参照 Java 官方帮助。

（2）下载并安装 Android Studio　Cocos Creator 从 1.5 版本开始支持 Android Studio，这里强烈建议使用 Android Studio 来进行 Android 所需的 SDK 和 NDK 的管理。

无论是 Windows 平台还是 MacOS 平台的安装均非常简单，在此不再赘述。

（3）下载并发布 SDK 与 NDK

打开 Android Studio，选择菜单栏"Tools"→"Android"→"SDK Manager"选项，弹出 SDK Manager 窗口。

在"SDK Platforms"分页栏，勾选希望安装的 API Level，即支持 Android 系统的版本，请根据实际需求选择。如无特别需求，Cocos Creator 推荐使用较新版本，API Level 向下兼容。

在 SDK Tools 分页栏，首先勾选右下角"Show package details"，显示分版本的工具选择。

在"Android SDK Build-Tools"里，选择 25 以上的 build tools 版本。建议勾选 26.0 或 27.0 版。

勾选"Android SDK Platform-Tools""Android SDK Tools"和"Android Support Library"。

勾选 NDK，确保版本在 14 以上，越新越好，建议使用可选择的最新版。

记住窗口上方所示的"Android SDK Location"指示的目录，稍后需要在 Cocos Creator 里填写这个 SDK 所在位置。

单击"OK"按钮，根据提示完成安装。如图 10-22 所示。

（4）安装 C++编译环境

由于 Cocos Creator 底层仍调用 Cocos2d-x 接口，原生环境需要配置如下环境。

Python 2.7.5+，注意不要下载 Python 3.x 版本。下载与安装方法详见 4.1 节对应部分。

Windows 下需要安装 Visual Studio 2015 或 2017 社区版。

MacOS 下需要安装 Xcode 和命令行工具，请自行到 App Store 下载最新版本。

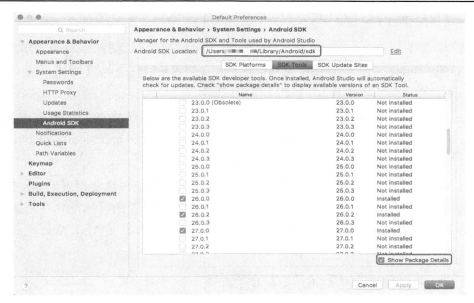

图 10-22

（5）配置 Cocos Creator 原生开发环境

在 Cocos Creator 主菜单中选择"文件"（Windows）或"Cocos Creator"（MacOS）→"偏好设置"选项，弹出偏好设置界面，选择"原生开发环境"标签，如图 10-23 所示。

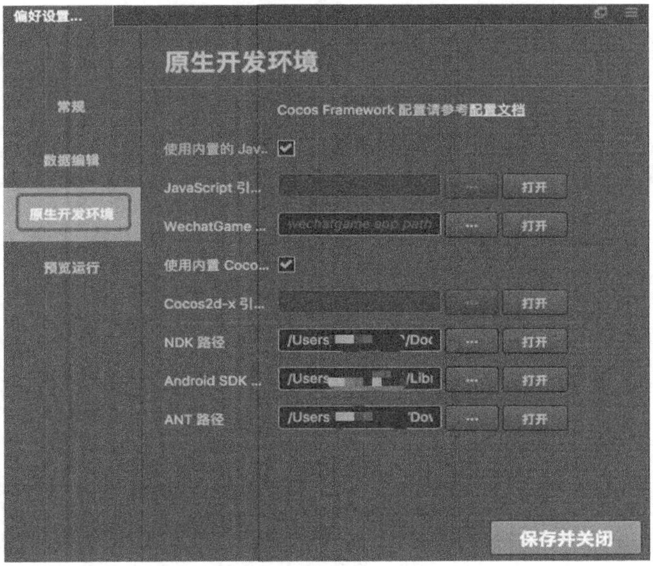

图 10-23

其中需要配置如下内容。

NDK 路径: 如果是 Android Studio 方式配置并下载的 NDK,选择 Android SDK Location 路径下的 ndk-bundle 文件夹（NDK 是其根目录）。如果是自行下载的 NDK 则选择对应路径即可。如不需要编译 Android 平台此配置可以略过。

Android SDK 路径: 如果是 Android Studio 方式配置并下载的 SDK,选择 SDK Manager 中 Android SDK Location 路径（Android SDK 的目录下应该包含 build-tools、platforms 等文件夹）, 如不需要编译 Android 平台此配置可以略过。

ANT 路径: 请选择下载并解压完成的 Apache ANT 路径, 需要设置到 ANT 安装目录内的 bin 目录下, 选定的路径中应该包括一个名叫"ant"的可执行文件。如果采用 Android Studio 则此步骤配置可略过, 但部分版本强制要求配置 ANT 路径, 否则不能保存。

10.4.2　Android 打包发布原生平台

在 Cocos Creator 主菜单"项目"→"构建发布…"选项中打开构建发布窗口。

除网页平台与微信外, 可以选择的原生发布平台包括 Android、iOS、Mac 和 Windows 4 个选项, 其中发布到桌面平台 MacOS 或 Windows 的选项只能在相应的操作系统中才会出现。

首先介绍 Android 打包发布, 发布平台选择 Android。构建发布界面如图 10-24 所示。

这里着重介绍与网页平台构建发布不同的选项。

合并图集中的 SpriteFrame: 将图集中的全部 SpriteFrame 合并到同一个包中。默认关闭, 启用后能够减少热更新时需要下载的 SpriteFrame 文件数量, 但如果图集中的 SpriteFrame 数量很多, 则可能会延长原生平台上的启动时间。

内联所有 SpriteFrame: 同网页平台, 默认开启, 原生平台建议关闭。

选择源码或预编译库模板: 共有 3 个选项可以选择"default""binary"和"link", 见表 10-1。

Android Studio: 构建时会构建 Android Studio 项目, 如果使用 Android Studio 进行 Android 开发, 建议勾选, 默认开启。

包名: 也称作 Bundle Name、Bundle ID 或 Package Name, 是开发环境或者运行环境区分应用的主要依据, 包名不同则代表不同应用或游戏。支持点分格式,通常以产品网站 URL 倒序排列, 如"com.companyName.productName"。

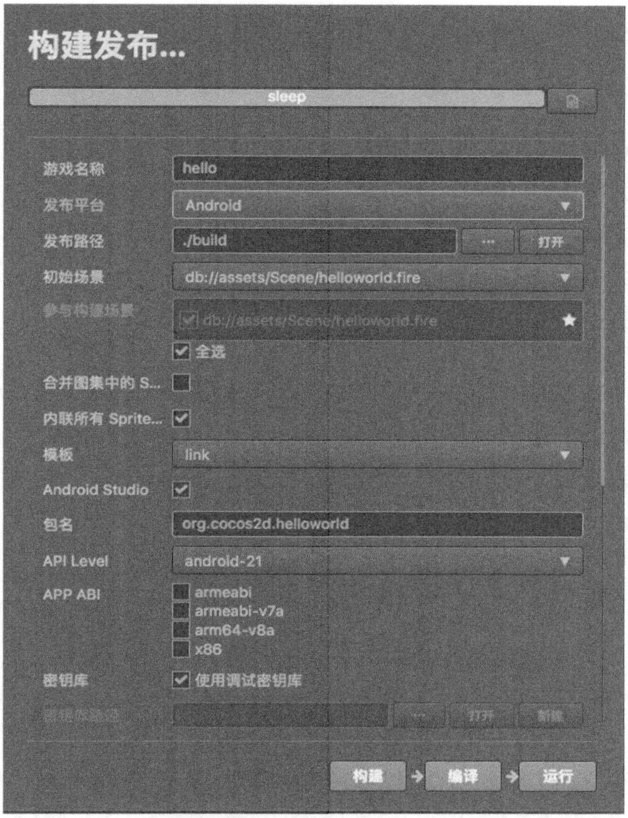

图 10-24

表 10-1

模板名称	功能与解释
Default	使用默认的 Cocos2d-x 源码版引擎构建项目。会复制一份 Cocos2d-x 源码到构建目录
Binary	使用预编译好的 Cocos2d-x 库构建项目。构建速度较快
Link	与 default 模板不同的是，link 模板不会复制 Cocos2d-x 源码到构建目录下，而是使用共享的 Cocos2d-x 源码。这样可以有效减少构建目录占用空间，以及对 Cocos2d-x 源码的修改可以得到共享

　　API-Level：这里会读取原生发布环境配置路径中已下载的 SDK 版本，选择合适的版本。

　　APP-ABI：常见的 CPU 架构，为了适应各种 Android 系统中使用不同指令集的 CPU，Cocos Creator 需要对多指令集 CPU 做多 ABI 编译。根据实际需求勾选，选择过多的 ABI

会导致 APK 体积增大，但适配程度会有所提高。

加密脚本：对 JavaScript 脚本进行加密，防止内容被破解，默认开启。

脚本加密秘钥：随机生成的加密秘钥，通常不需要手动改变。

打包发布分为两个部分，构建与编译。其中构建的过程是把 Cocos Creator 项目内容构建为原生工程，以 Android 为例，构建过程会生成 Android 和 Android Studio 项目。编译则将原生项目编译为目标原生平台内容，比如 APK 包。

打包发布有两种方式，直接发布和原生环境发布。

直接发布：Android 部分没有特别修改需求，可直接由 Cocos Creator 发布出 APK。在构建发布页中选择合适的配置信息后，直接单击"编译"或"运行"按钮。并可以通过上方进度条右侧的按钮查看日志，发布结果在构建目录下 jsb-link/publish 目录对应的子目录下，如图 10-25 所示。

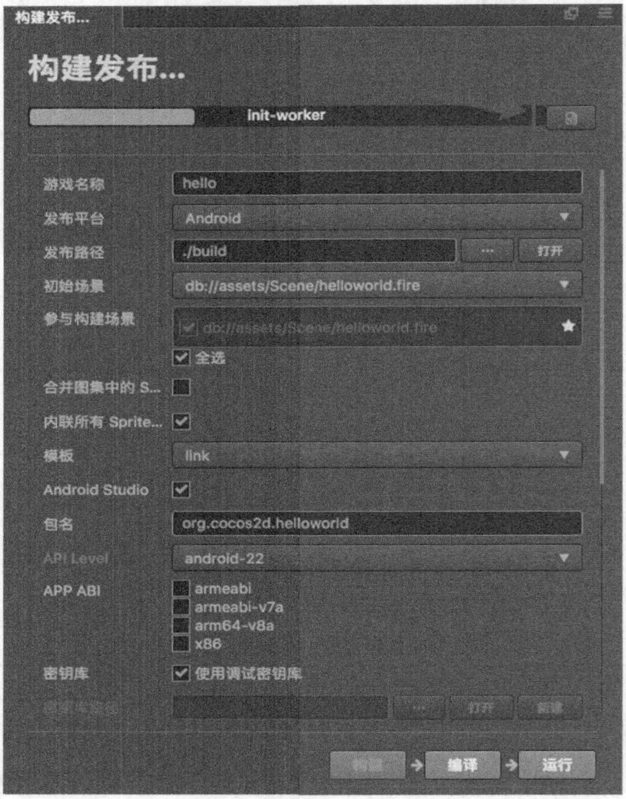

图 10-25

原生环境发布：在构建目录中，即发布路径中，有如下文件结构（以默认 build 为发布路径为例）build/jsb-link/frameworks/runtime-src/，此目录中有多种原生平台的原生项目结构，如图 10-26 所示。

图 10-26

在此以 Android Studio 发布 Android 为例，用 Android Studio 打开 proj.android-studio 目录。并在 Android Studio 中按照常规 Android 项目对待，编译并打包即可。

此种方式适合需要接入 Android SDK 或需要修改部分 Android 相关功能和信息等类似需求。

10.4.3 iOS 打包发布

在 Cocos Creator 主菜单"项目"→"构建发布…"选项中打开构建发布窗口。

发布平台选择 iOS。构建发布界面如图 10-27 所示。

iOS 打包发布部分和 Android 大体相同，先构建，再编译。发布结果在构建目录下 jsb-link/publish 目录对应的子目录下。

或用构建原生环境的打包发布方式，构建之后可以用 XCode 打开对应平台的对应项目文件，如图 10-28 所示。

利用 Cocos Creator 构建器直接编译会调用 xcodebuild 等命令行工具。但是由于 iOS 发布涉及用户组、用户与代码签名等内容，读者可自行参考 xcodebuild 自动打包流程与配置文件修改。或使用 Cocos Creator 构建，之后用 XCode 打开对应项目来进行编译。

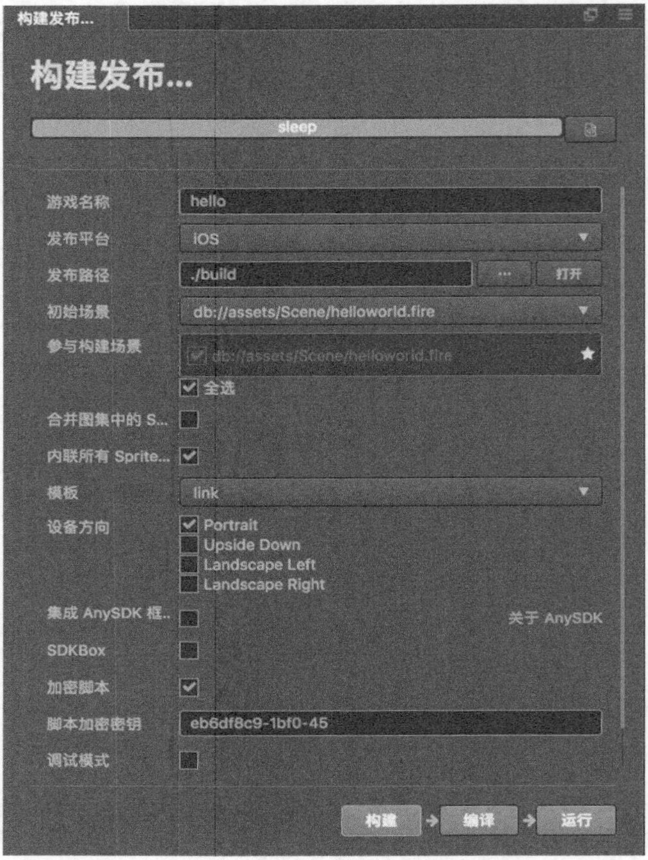

构建发布...

构建发布...

sleep

游戏名称	hello
发布平台	iOS
发布路径	./build ··· 打开
初始场景	db://assets/Scene/helloworld.fire
参与构建场景	db://assets/Scene/helloworld.fire ★
	☑ 全选
合并图集中的 S...	☐
内联所有 Sprite...	☑
模板	link
设备方向	☑ Portrait
	☐ Upside Down
	☐ Landscape Left
	☐ Landscape Right
集成 AnySDK 框...	☐ 关于 AnySDK
SDKBox	☐
加密脚本	☑
脚本加密密钥	eb6df8c9-1bf0-45
调试模式	☐

构建 → 编译 → 运行

图 10-27

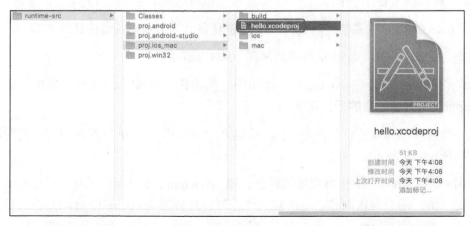

图 10-28

> **注意** 如果多平台打包出现问题，比如 Android 和 iOS 一同构建打包出错，请删除整个构建目录重新构建。

10.4.4 其他桌面平台打包发布

桌面平台打包发布相对简单，没有特殊选项。但是根据开发操作系统，只能选择对应平台，即如果想发布 MacOS 平台版本，需要使用 MacOS 与对应的 Cocos Creator 版本。

其同样分为构建与编译两个过程。值得注意的是，MacOS 与 iOS 存在相同的问题，如果希望上传到 App Store 则需要用户组、用户与代码签名等内容，推荐使用构建后项目 XCode 编译等方式。

发布结果在构建目录下 jsb-link/publish 目录对应的子目录下。

10.5　小结

本章介绍了除微信外，网页平台与各原生平台的调试和发布方式。

第 11 章
微信小游戏开发与发布

在微信小游戏面世之前，微信的小程序就已经有了完整的开发、调试和发布的工具与流程，但是由于底层采用的是 Canvas 渲染技术，不适合运行常规游戏。在 2017 年底，微信推出了全新的小游戏平台，针对小游戏封装了新的 API，底层采用 WebGL 渲染技术，大幅提升多图片渲染效率，充分支持游戏的开发与运行。

Cocos Creator V1.8.0 以及之后版本均会提供发布至微信小游戏功能。

本章将介绍在微信开发者工具环境下调试 Cocos Creator 开发的游戏，并最终发布到微信小游戏平台的操作流程与方法。

本书编纂时腾讯尚未开放个人开发者或企业开发者的小游戏权限，本章中有部分内容与截图取自 Cocos 引擎团队与腾讯合作的内部测试版本，界面细节可能与读者实际开发略有不同。

本章包括以下能够让读者用最快速度上手的教程内容：

- 什么是微信小游戏；

- 微信公众平台与微信小游戏开发环境搭建；

- Cocos Creator 发布到微信小游戏流程；

- 微信小游戏资源管理；

- 微信小游戏的调试。

11.1　什么是微信小游戏

11.1.1　微信小游戏是微信小程序

微信小游戏不是 HTML5 游戏，业内一般称为 Runtime 方案，即从 iOS/Android 系统 API 开始做框架，通过 v8、JavaScriptCore 等 JS 引擎将系统原生 API，以及小游戏框架的 C++ API 绑定到 JavaScript 的做法。微信小游戏 Runtime 的特点是，最大程度地兼容 HTML5 游戏生态。

按照微信官方给出的描述，微信小游戏 = HTML5 游戏 + [微信社交能力、文件系统、工具链] – [DOM、BOM、CSS、EVAL]，微信小游戏 = 微信小程序 + [渲染、文件系统、多线程] – [多页面、WXSS、WXML]。

微信小游戏是微信小程序的一个品类，与其他品类的微信小程序一样，它是一种全新的连接用户与服务的方式，可以在微信内被便捷地获取和传播，同时具有出色的使用体验。它可以嵌套至微信中，调用微信的用户信息、分享或支付等常规功能；也可以用微信开发者工具与 JavaScript 进行开发与调试。这里额外提供了一套底层方法库，主要用于优化渲染方式，使得微信小游戏运行效果更好。

11.1.2　微信小游戏入口

要求微信版本为 6.6.1 或更高版本。

聊天入口：将小游戏链接或二维码分享至聊天或者群聊中，被分享者直接单击进入。

搜索入口："搜一搜"功能进行小游戏名搜索，比如搜索"跳一跳"。

游戏入口："微信游戏"中搜索小游戏名，或在"我的小游戏"中选择之前进入过的小游戏。

朋友圈入口：从朋友圈被分享的小游戏链接也可直接单击进入小游戏。

其他所有小程序入口进入：扫描对应二维码等。

11.1.3　微信小游戏盈利方式

就目前而言，大家可以看到游戏研发商看待小游戏的主要盈利方式有以下 3 种途径。

● 内购付费。目前小游戏只开放了 Android 平台应用内收费方式，预计之后也会打通 iOS 的内购付费功能。

- 广告变现。得益于小游戏多线程的设计，使得原本在 HTML5 游戏里播放激励视频就会跳出游戏需要重新加载登录的技术问题得以解决，所以预计通过广告变现也会是一种很重要的小游戏变现收入方式。

- 导流到原生游戏。在微信公开课 pro 上，微信官方宣布了可以从小游戏导流到原生游戏。

11.1.4 微信小游戏的开发

在 2017 年 12 月 28 日首发的 17 款微信小游戏中，有 8 款是使用 Cocos2d-js 或 Cocos Creator 开发的，占有率达到 47%，远超其他引擎。所以使用被《欢乐坦克大战》这样的腾讯自研游戏验证过的 Cocos Creator 来开发微信小游戏，基本上是目前的最佳选择。

利用 Cocos Creator 进行开发，之后借助微信开发者工具和微信公众平台等微信官方工具进行调试与发布。如果有需求，使用 JavaScript 等脚本语言，调用微信小游戏或微信小程序提供的各种接口完成微信小游戏中与微信关联功能的开发。

微信小游戏接口相关文档参照微信官方文档。

微信小程序与其对应运行时的环境，读者无需多做考虑，Cocos Creator 通过调用微信小游戏提供的接口完成图像渲染等功能。架构如图 11-1 所示。

图 11-1

Cocos Creator 编写的游戏可直接发布到微信小游戏。

但是通过其他版本的 Cocos2d-x（Cocos2d-js 除外）系列的游戏不能简单地移植至微信小游戏，目前微信只支持 JavaScript 接口调用，而传统 Cocos2d-x 系列采用底层 C++ 架构，只能手动翻译重写。

注意　针对第三方库接入，由于微信小游戏只支持 JavaScript，所以针对微信小游戏平台，Cocos Creator 也只支持纯 JavaScript 第三方库。对于 DOM API 几乎不支持。部分网络库需要改造，比如常用的：socket.io 和 proto buffer 等。

11.2　微信公众平台与小游戏开发环境搭建

11.2.1　微信公众平台

腾讯为微信小程序或公众号开发者提供微信公众平台，此平台在小游戏推出同时增加了对小游戏支持。

开发微信小游戏的开发者首先需要在微信公众平台注册并提交开发者资料，如果是企业则需提交企业信息。然后提交开发小游戏的名称、图标、截图、简介以及测试包等内容以供微信小游戏平台评审。评审通过者可以正式进入微信小游戏平台，被微信用户搜索到或者通过其他方式传播。

11.2.2　注册微信公众平台

微信公众平台是允许个人、团队或企业进行注册的，大致过程如下。

（1）在微信公众平台官网首页单击右上角的"立即注册"按钮。如图 11-2 所示。

（2）选择注册的账号类型为"小程序"，目前小游戏仍然归属在小程序之中。单击"查看类型区别"可查看不同类型账号的区别和优势。

（3）请填写未注册过公众平台、开放平台、企业号、未绑定个人号的邮箱。

注意　如果注册过程中提示邮箱已注册，可能是邮箱已绑定到其他微信账号。如果个人开发者希望用自己的个人微信绑定邮箱注册，请在微信中对此邮箱解除绑定。详情读者可自行查询微信邮箱解绑。

图 11-2

（4）激活邮箱。

（5）填写个人信息，如果是企业则需要填写企业信息，如图 11-3 所示。

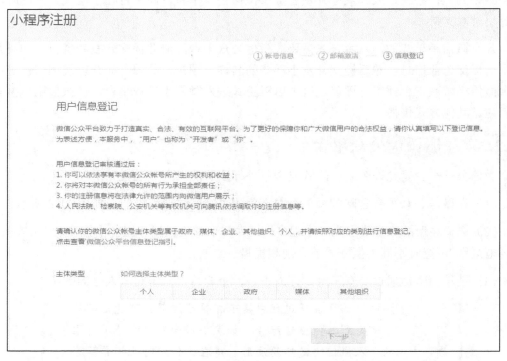

图 11-3

（6）按照公众平台提示完成注册流程。

注册详细步骤可参照微信公众平台官方帮助。

11.2.3 小程序开发前准备

开发前的准备工作大体分为以下 4 个步骤。

（1）登录微信公众平台。

（2）完善小程序信息，主要包括微信认证、小程序信息录入和版本发布等步骤，如图 11-4 所示。

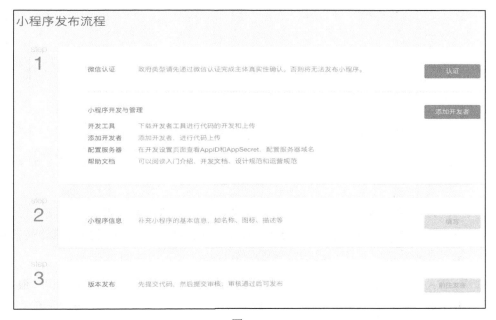

图 11-4

至少完成前两步，可以查看小游戏的 AppID 即可。第 3 步可等待研发游戏完成后需要发布时再进行。其中服务类目选择"游戏->其他游戏"，如图 11-5 所示。

注意 目前腾讯尚未开放个人或企业的小游戏申请权限，所以在小程序的服务类目中有可能看不到小游戏选项，直到腾讯开放权限。本章中的相关案例与截图为触控内部与腾讯合作使用的内部测试版本与特别开放权限版本。

基本信息		说明
小程序名称	CocosWeGame	小程序发布前，可修改2次名称。当前还能修改2次。发布后，必须通过微信认证流程改名。
小程序头像		一个月内可申请修改5次 本月还可修改5次
小程序码		只可访问线上版本小程序
介绍	Cocos Demo for WeChat Game	一个月内可申请5次修改 本月还可修改5次
微信认证	已认证	于2017-06-07完成微信认证审核
主体信息	厦门雅基软件有限公司	企业法人及个体工商户
服务类目	游戏 > 其他游戏	一个月内可申请修改3次 本月还可修改3次
暂停服务设置	未暂停服务	暂停服务后，用户将不可以正常访问线上本小

图 11-5

（3）绑定开发者。当多名开发者协作，需要多人登录微信开发者工具一同进行开发与调试时，在"用户身份"→"开发者"选项中，可以指定微信用户为开发者或体验者角色，开发者在使用对应功能时可用自己的微信账号认证。

（4）获取 AppID。此 ID 标识微信应用，用到微信开发工具或微信底层接口（根据不同 App 申请不同的权限，不可以调用权限外接口）时都需要填入正确的 AppID。在"设置"→"开发者设置"中查看 AppID。如图 11-6 所示。

　　注意　之前提到读者有可能暂时不能正确设置服务类目，导致不能取到正确的 AppID 进行调试。这里提供一个触控内部体验 AppID：wx6ac3f5090a6b99c5。以供读者调试时使用。

11.2.4　微信小游戏开发环境搭建

搭建微信小游戏的开发环境分为以下 3 个步骤。

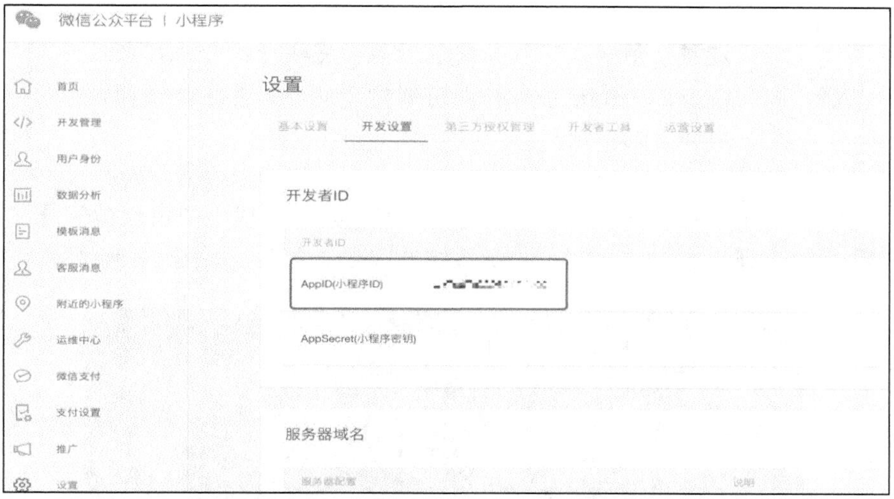

图 11-6

（1）下载微信开发者工具。

下载开发者系统对应版本，并安装。过程简单，在此不再赘述。

（2）打开微信开发者工具直至登录完成。

打开微信开发者工具，会提示二维码登录，需要小游戏项目的管理者或者开发者用微信扫描二维码并在微信中确认登录才能继续。如图 11-7 所示。

图 11-7

注意 第一次下载并安装后必须完成一次登录，之后 Cocos Creator 发布时调用微信开发者工具才能正确调用并自动弹出。

（3）在 Cocos Creator 菜单"偏好设置"→"原生开发环境"中设置微信开发者工具路径，MacOS 系统选择 app 文件，Windows 系统选择 exe 文件。如图 11-8 所示。

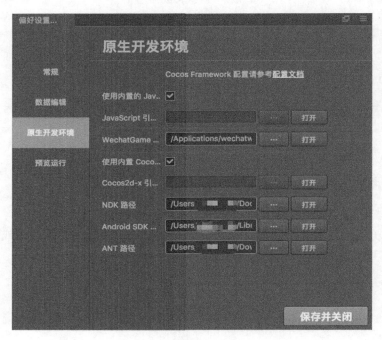

图 11-8

11.3　Cocos Creator 发布到微信小游戏流程

Cocos Creator 发布到微信小游戏流程

具体操作有以下几个步骤。

（1）打开需要发布的 Cocos Creator 项目，并选择 Cocos Creator 菜单中"项目"→"构建发布…"选项，打开构建发布页面。

（2）发布平台选择"Wechat Game"。

（3）填写正确的 AppID，如图 11-9 所示。

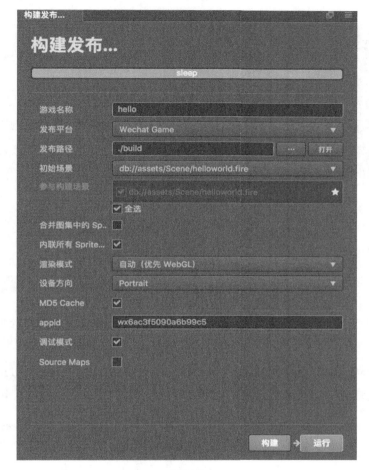

图 11-9

（4）其他选项参照 10.3.2 节。

注意 目前微信小游戏不支持"Source Maps"功能，如果选中不仅没有任何效果，还会增加包体大小，建议关闭。

（5）单击"构建"按钮，构建完成后单击"运行"按钮。如果 Cocos Creator 中没有任何改动需要重新构建，直接单击"运行"按钮。系统会自动打开微信开发者工具，如果没有自动弹出，请检查 11.2.3 节内容。如图 11-10 所示。

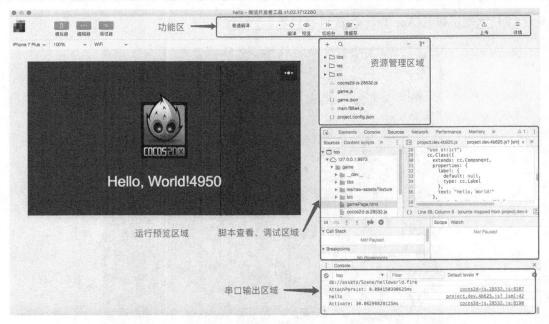

图 11-10

微信开发者工具界面右侧部分很像 devtools，具体使用方法参照本章后续内容或微信官方文档。

（6）运行预览区会自动开始运行应用，可以查看预览并交互。也可以单击功能区预览按钮进行真机预览（用手机微信扫描二维码体验），与初步微信小程序打包处理。

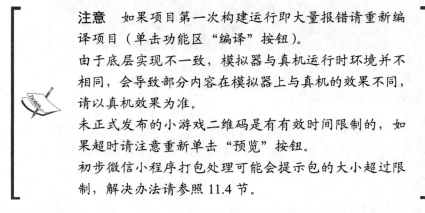

注意 如果项目第一次构建运行即大量报错请重新编译项目（单击功能区"编译"按钮）。

由于底层实现不一致，模拟器与真机运行时环境并不相同，会导致部分内容在模拟器上与真机的效果不同，请以真机效果为准。

未正式发布的小游戏二维码是有有效时间限制的，如果超时请注意重新单击"预览"按钮。

初步微信小程序打包处理可能会提示包的大小超过限制，解决办法请参照 11.4 节。

（7）上传代码。只有管理员有权限上传代码，开发者与体验者无此权限。单击功能区"上传"按钮后，由管理员扫码确认。如图 11-11 所示。

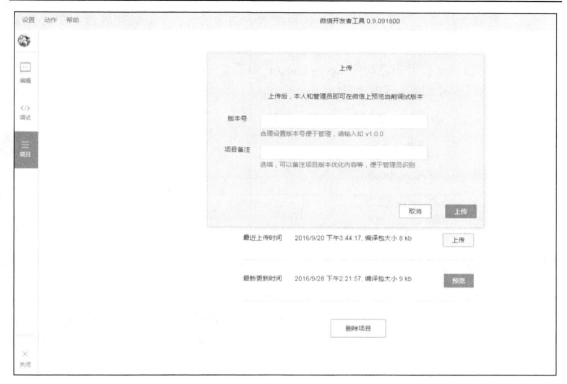

图 11-11

上传完成后，在微信公众平台开发管理页面看到对应提交版本代码上传完成。此处可能有部分时间延迟，需要稍等片刻。

（8）提交审核。已完成代码提交的项目，管理员可以提交审核。提交审核时需要填写审核信息与测试账号等内容。

（9）7~8 两步以及微信小程序发布相关信息读者可自行参考微信开发平台官方文档。

11.4　微信小游戏资源管理

11.4.1　文件结构

微信小游戏项目主要包含以下文件或文件夹。

libs：库脚本。主要包含 Cocos Creator 针对微信小游戏的适配脚本，比如 wx-downloader.js 等。

res：资源文件，包括图片、音频与各种配置表格等内容，主要的包容量都在这个文件夹。

src：脚本文件，但并不是按照 Cocos Creator 中的文件路径结构，而是把所有用户自定义脚本整合为 project.dev.js 和配置脚本 setting.js。

cocos2d-js.js：Cocos2d 库脚本，大致 3MB。

gamg.js：微信小游戏入口。

game.json：Cocos Creator 配置文件。

main.js：Cocos Creator 脚本。

project.config.json：微信小程序配置文件。

11.4.2 包体大小限制

微信小程序的资源管理架构大致为：微信服务器→网络→微信客户端。

微信小程序或小游戏在 App 第一次启动时会通过网络从微信服务器完整下载获得，下载完成后开始运行。之后本地做一定的缓存。这种方式区别于一般的网页平台运行时按需下载资源的方式。

为了提高用户体验（第一次加载时间），也为了降低微信服务器负载压力，微信对所有小程序做了包体大小限制。目前小程序包体大小限制为 4MB，小游戏限制规则还未明确给出，但不会高于 10MB。

如果包体大小超过限制，在微信开发者工具预览或者上传过程中会报错。

11.4.3 远程资源下载

11.4.2 节中提到微信小游戏包体大小限制，但是只 Cocos2d 库脚本大致就占用 3MB 空间，通常情况下的游戏根本不能满足微信的包体大小限制。

所以 Cocos Creator 提供了远程资源下载方式以解决此问题，具体资源方案如图 11-12 所示。

只有代码部分通过微信小程序方式获取，较大的资源部分通过开发者自己的服务端获得。获取流程变为先获取小游戏代码包，然后运行时通过 game.js 加载游戏内容，再通过调用微信给出的下载接口获取所需资源并缓存。这种方式类似于网页平台的按需下载方式，只有使用到的资源才会被下载。

使用上述资源远程下载方式具体步骤如下。

（1）架设网页服务（httpd），或者其他标准下载协议服务，要求可直接无认证下载服务。

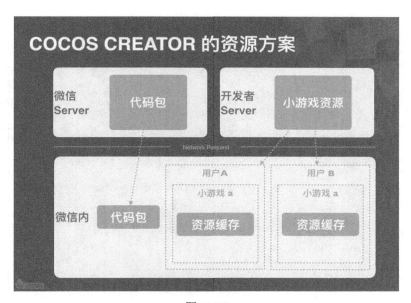

图 11-12

注意　微信要求检测应用中调用微信下载接口时传入 URL 的合法性，包括安全域名、TLS 版本以及 HTTPS 证书等方式。并不是所有网页服务均可正常使用。调试时可打开微信开发者工具中功能区"详情"→"项目设置"→"不校验安全域名、TLS 版本以及 HTTPS 证书"选项测试。如图 11-13 所示。

但是实际审核申请时是必须采用安全域名的，安全域名相关内容请参考微信公众平台文档。

（2）强烈建议在 Cocos Creator 构建时勾选 MD5Cache 功能，以免导致部分内容由于 CDN 不能及时更新而产生不可预知的问题。

（3）将构建项目目录中的"res"目录移动至网页服务中，微信开发者工具打开项目中就不再有"res"目录。这样游戏将符合微信包体大小限制。

（4）在 main.js 中，找到对应代码段并添加 REMOTE_SERVER_ROOT 的设置，代码如下。

```
require('libs/wx-downloader.js');
// 添加这行代码，将 URL 修改为正确的 res 远程路径。
wxDownloader.REMOTE_SERVER_ROOT = 'https://www.xxx.com/remote-res/';
boot();
```

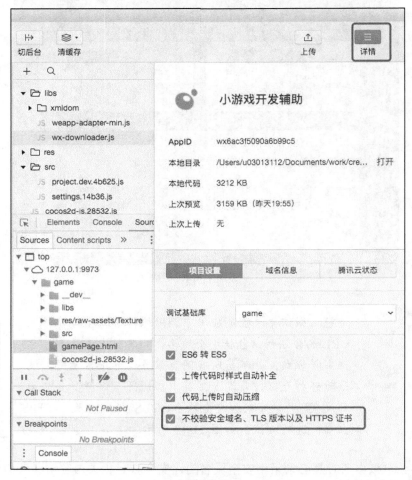

图 11-13

其中如果勾选了 MD5Cache 功能，main.js 会更名为 main.xxxx.js。上述代码在 onStart 方法中靠后部分，代码第 3 行为添加内容，赋值为用户自定义网页服务域名"res"目录。

（5）如果有必要，勾选"不校验安全域名、TLS 版本以及 HTTPS 证书"选项。

（6）重新预览内容，预览效果与远程资源策略之前一致。

11.5 微信小游戏的调试

11.5.1 调试打印

在 Cocos Creator 中所有的标准输出，包括 Cocos Creator 提供的各种输出接口，如：cc.log、cc.info、cc.warn 和 cc.error 等，在需要调试打印的位置加入日志输出。以 cc.log 为例，代码如下。

```
cc.log("hello");
```

按照 11.3 节操作直至第 5 步。预览时可直接在微信开发者工具中的串口输出部分看到调试打印。并在右侧有打印对应的文件与位置。但这里显示的文件名与 Cocos Creator 中的不一致，读者参考 11.5.2 节。如图 11-14 所示。

图 11-14

由于小游戏本身就会有大量调试打印，建议读者在自定义调试打印中加入自定义标签或前缀，然后通过"Filter"进行过滤，快速查找到自己的调试打印，提高调试效率。

11.5.2 断点调试

目前微信小游戏只能在微信开发者工具中进行断点调试。调试方式类似 Cocos Creator 1.5 之前版本调试方式。步骤如下：

（1）正常构建 Cocos Creator 项目直至跳转到微信开发者工具。

（2）在微信开发者工具脚本调试、查看区域找到"src/project.dev.js"。如果勾选了 MD5Cache 选项则文件名将会是类似"project.dev.xxxxxx.js"，如图 11-15 所示。

（3）在右侧找到所需代码对应位置并添加断点，调试方法类似"devtools"方法。"project.dev.js"是用户自定义脚本的整合脚本，并不能按照 Cocos Creator 中的文件目录结构找到脚本，建议读者通过文件名搜索或关键代码搜索，找到指定代码并添加断点。

（4）如果有必要重新运行以便调试，单击微信工具的功能区"编译"按钮。

图 11-15

（5）进行断点调试，主要功能均在调试区域，如图 11-16 所示。

> **注意** 微信开发者工具的调试方式仍是采用 Attach 方式，在游戏最初初始化部分断点可能无法通过此调试方式截停程序，比如初始场景的节点组件脚本中的"onLoad"方法中的代码断点不能被有效地断点截获。如有需求，读者可自行添加临时场景过渡。

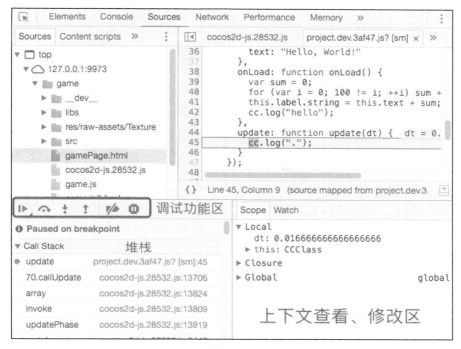

图 11-16

更加详细的微信小程序调试请查找微信官方帮助文档。

11.6 小结

本章介绍了将 Cocos Creator 制作的游戏发布到微信小游戏平台的全过程。